U0527584

成功的惯性

如何长期稳定地保持进步

［日］佐藤传 著
付思聪 译

中国画报出版社·北京

图书在版编目（CIP）数据

成功的惯性：如何长期稳定地保持进步 /（日）佐藤传著；付思聪译. -- 北京：中国画报出版社，2023.10

ISBN 978-7-5146-2279-9

Ⅰ.①成… Ⅱ.①佐… ②付… Ⅲ.①成功心理－通俗读物 Ⅳ.①B848.4-49

中国国家版本馆CIP数据核字(2023)第161694号

なぜかうまくいく人の「秘密の習慣」
NAZEKA UMAKUIKUHITO NO "HIMITSU NO SHUKAN"
Copyright © 2021 by Den Sato
Illustrations © Azusa Inobe, Jun Sato (ASLAN Editorial Studio)
Original Japanese edition published by Discover 21,Inc.,Tokyo, Japan
Simplified Chinese published by arrangement with Discover 21, Inc. through Rightol Media Limited.

北京市版权局著作权合同登记号：图字 01-2023-4818

成功的惯性： 如何长期稳定地保持进步

[日] 佐藤传 著　付思聪 译

出 版 人：方允仲
责任编辑：田朝然
责任印制：焦　洋

出版发行：中国画报出版社
地　　址：中国北京市海淀区车公庄西路33号
邮　　编：100048
发 行 部：010-88417418　010-68414683（传真）
总编室兼传真：010-88417359　版权部：010-88417359

开　本：32开（880mm×1234mm）
印　张：6.25
字　数：90千字
版　次：2023年10月第1版　2023年10月第1次印刷
印　刷：天津旭非印刷有限公司
书　号：ISBN 978-7-5146-2279-9
定　价：49.80元

序言

微进步，一种积极持久的自我成长策略

开篇匆匆，想问大家一个问题。

如果有一项任务要求你必须吃完一头大象，并且完成这项任务的前提是必须是一个人吃完一整头。那么，你应该怎么吃呢？

很多人会认为这个问题简直不可理喻——这怎么可能完成啊？但也有一些人在听到这个问题的瞬间，脑海中就会浮现出各种各样的想法。

你会给出什么样的答案呢？

其实这个问题的答案非常简单——一口一口地吃就可以了——并且这也是唯一的答案。一次能放进嘴里的食物量就是一口的量，要想完成"吃大象"这项任务，只能一口一口地持续吃下去。这个问题看着像个玩笑，其实能给我们带来很大的启示。

无论何等伟业，无论任务如何艰巨，我们能做的其实只有一件事，那就是一点点、一点点地坚持去做自己力所能及的事情。如果用专业一点的话来表述，可以说是"比起采取阶段性小目标法（small-step method），我们更应该采取蹒跚学步式目标法（baby step method），像婴儿刚学走路时一样，一小步，一小步，虽慢却稳地前进"。只要能够坚持执行蹒跚学步式目标法，我们的行动就将具有超强的威力，无论多高的壁垒，我们都能将其粉碎。

上述说明看着好像有点复杂，可实际行动起来却非常简单。我们只需要让今天的自己比昨天的自己多出0.1%的进步，并按照这个缓慢的速度坚持进步下去就可以了。

下定决心要每天学习英语两个小时，可计划赶不上变化，通常在第二天或者刚坚持没几天就会因为各种理由而中止。"今天身体不太舒服，计划暂停一天……""这几天一直在加班，今天先休息休息吧……"

与其这样，我们不如每天只保持0.1%的进步。"比起昨天，今天醒来时感觉精神稍微好了一些呢""今天做了伸展运动，跟昨天比起来，身体稍微放松了一点""我今天学习了5分钟的英语""我今天打开了久违的日记本，稍稍记录了一下今天的感悟"……其实这种程度的进步就已经完全足够了。

说实话，如果以一天为单位来验证成果，那么这些细微的进步无论有无都不会对我们的人生产生太大的影响。但只要坚持下去,也就是将其养成习惯,即使每天只能进步0.1%,时间长了,我们的进步成果也会非常显著。

真的无须太多,每天只要进步一点点就可以了。一点一点,一滴一滴,这些点滴的进步将会改变我们的整个人生!

朋友们,行动起来吧!现在就把这种"微成长习惯系统"安装进你的人生程序中吧!

习惯专家

佐藤传

我是《探索发现》栏目的采访记者小原。十分荣幸，我们今天来到了佐藤老师的晨间咖啡活动！
现场直播 备受热议的晨间咖啡活动
早上好！
说起佐藤老师，他既是一位知名的个人创业者和行动习惯方面的专家，
也是一位百万级畅销书作家。
著作××册
今天竟然有机会直接与佐藤老师交流，而且还是在大受欢迎的晨间咖啡活动……
是一位怎样的老师呢？
早上好！
早上好！
早上好！
早上好！
大家真是元气满满呀！
今天请多关照啦……
初次见面！我是佐藤传。
你可以叫我“传传”哦！
光芒四射！
佐藤老师您……传传老师您一出现，整个房间都一下子明亮起来了呢！
一瞬间，连空气都焕然一新！

老师，您在指导儿童学习方面有着30年的丰富经验呢。
嗯嗯，是的。
我曾经遇到过一名因厌学而不愿去学校的小学生，
一起在公园学习。
佐藤老师的大学时代
并以此为契机创办了补习班。
多亏了那个补习班，我家孩子都变得爱学习了呢！
补习班广受好评，一些知名人士和政治家都把自家孩子送来补习呢！
好名声○○相传
我也想把我家孩子送过去！
在补习班教书教了30年，
会这道题的人请举手！
我会！
我也有幸遇见过各种各样的孩子。
最初普普通通的孩子，
后来成了公司老板。
也有的孩子刚来的时候学习不错，
但苦于难以提升学习成绩……
虽然有的孩子长大成人后获得了很大的发展和进步，但也有一些孩子刚开始时学习很好，长大后却难以提升自己。
这有什么不同吗？
这取决于是否在继续实践着学习方法论。
习惯
我的意思是说，这是一种习惯。
是一种习惯吗……
不久后，有人拜托我开授面向成年人的课程，于是我开始转为指导成年人。
请您帮我分析分析、
出出主意。
荣幸之至！
就这样，我便开始了晨间咖啡活动！
是的。
是的。
原来是这样啊！

我从事的是企划经营方面的工作。
我也在参加晨间咖啡活动。
您好！
今年是我参加工作的第三年，但我还是停留在原地，不管是能力还是职位都完全没有提升。
正当我为此感到烦恼时，我得到了前来参加晨间咖啡活动的机会。
拜托啦。
也请您多关照。
按照传老师的建议，我开始尝试改变多年以来的习惯，去接触全新形式的手账和背包。
嗯？现今的手账真是种类繁多呀。
这位顾客，您是想选购手账和背包吗？
刚开始的时候我还不太了解这其中的讲究。
可看过传老师的介绍后，我真是大开眼界。
在时间的划分方式以及工作的处理方式上，我真的有很多新发现。
是呀，任何事情都必须这样做！其实这种断定只不过是我们的自以为是而已。
真的是这样呢。
背包也是同样的道理。上班族的背包真的是“移动书房”呢！
是的！是的！
说的是呢。
我是某公司的社长，
对于曾经的我来说，早上起床可真是人生一大难事。
我按照传老师的建议，早上起床后先淋浴。
淋浴吗？
然后，在淋浴的同时，我开始试着大声说出自己的梦想。
我要让公司上市！
大声说出自己的梦想，其实也是一种自我暗示。
传老师，这说的是心理暗示吗？
这样吗？
嗯嗯，是的！你记得可真清楚呀！
因为在平时，大家总是很难开口说出自己的梦想。
对吧！

大家真的养成了很多习惯呢。
整个人生都变得更好了！
是呀！
话又说回来，是有这种说法吗？“养成好的习惯，3周就能改变一切”之类的……
真是一个好问题。
确实，短短3周的时间，我们的行动就能发生翻天覆地的改变。
多对他人表示感谢吧。
3周改变行动
但是，如果想改变思维习惯则需要花费3个月的时间。
危机就是机会！
大危机！
3个月改变思维
另外，如果想完全改变情感习惯，则需要3年的时间。
原来如此。
3年改变情感
要好好加油啦！
危机太好啦！
迎来巨大改观！
到这一步，会
其中最为重要的是什么呢？
请您告诉我！
即使我们正在逐渐走向成功，可如果我们的生活状态始终不健康，则对我们的人生毫无益处。
Happy Success
让我们一起开始学习收获“快成”的习惯吧！
快乐的成功，简称“快成”！
最最重要的是，成功之后走向快乐和幸福！
拜托啦!!!

目录

PART 1 每天进步 0.1%
积极情绪训练计划

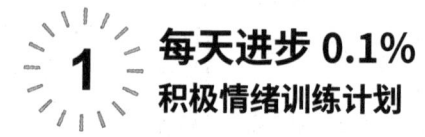

002	做做心灵训练，锻炼内心
004	培养良好的心灵习惯，愉快地度过每一天
006	欢欣雀跃？焦虑烦躁？自己的心情自己决定
008	消极思维涌现时，开口说些积极的话
010	人生道路是呈盘旋上升的螺旋形的
012	接纳自己，活出自己的风采
014	用"谢谢你"取代"不好意思"
015	多读书，让真正的自由触手可及

PART 2 每天进步 0.1%
良好的金钱使用习惯养成计划

018	抛弃偏见，尊重金钱的存在
020	摆脱局限，关注金钱能带来的价值
022	心怀感恩，从事能让他人感到开心的工作
024	皮钱包、银钱包、金钱包——灵活使用三个钱包
026	愉快地花出每一笔钱
028	探索新的花钱方式，拓展自己的人际关系
030	详细记录每一笔花销
032	适当精简，拒绝办理多张信用卡

PART 3 每天进步 0.1%
让好运每天都发生的运气练习

036	迎着晨曦醒来,开窗呼吸新鲜空气
038	清扫、整理、归纳——简单三步焕然一"心"
040	每天一次,大声说出自己的梦想
042	给手机的锁屏壁纸换新颜
044	时常在草坪或泥土地上走一走
045	享受赠送手写留言卡的仪式感
046	听听心脏的跳动声
047	前往让自己感到身心愉悦的地方

PART 4 每天进步 0.1%
创建良好的人际关系并从中持续受益

050	先主动打招呼
052	为对方创造容身之所
054	八成听,两成说
056	不要表演出更好的自己
058	积极创造属于自己的人脉
060	对人热情,对事冷静
062	给自己设计一句宣传语
063	说话直白一些也未尝不可

PART 5 每天进步 0.1%
利用好清晨的长尾效应并让优势持续一整天

066	认真地度过清晨时光
068	调动所有的感官来全方位地感知清晨
070	每天早上 3 分钟,关注自己的人生愿景
072	让身体慢慢进入活跃状态
074	即使独居,出门前也要宣告"我出门啦"
076	多多仰望天空
078	享受身体接触
079	不必每天去了解最新时事

PART 6 每天进步 0.1%
每个清晨花上 3 分钟记录自己的成长

082	每天 3 分钟,书写实现梦想的晨间日记
084	早晨是写日记的最佳时机
086	用写备忘录的感觉轻松填充九宫格矩阵日记
088	推荐用 Excel 来写晨间日记
090	复制粘贴邮件、照片和视频
091	只需填充能写的单元格

PART 7 每天进步 0.1%
充分利用夜晚的时光来治愈自己

094	有意识地切换自己的时间频道
096	讲究治愈效果,全身心地投入自我治愈中去
098	掌握高效的安眠技巧,获得最佳睡眠
100	在第二天来临之前入睡
102	入睡前回忆一些快乐的时光
104	不要认为第二天醒来是理所当然之事
106	床边常放一本便签
107	使用随身物品清单,让生活有备无患

PART 8 每天进步 0.1%
让正向思考影响我们的行为

110	人生是一场愉快的实验
112	将行事标准定义为"快乐"
114	遵循理想的生活方式来生活
116	摒弃"没时间了"的口头禅
118	把时间花在不紧急但重要的事情上
119	珍视直觉,迷茫时可以选择放弃
120	将梦想转换为愿景
121	尝试描绘人生的曲线
122	临近自家门口前 3 米处开始小跳几步
123	乔迁新居,改变心情

PART 9 每天进步 0.1%
把工作时的心态调整到最佳状态

126	把工作变成使命
128	盲目自信也未尝不可
130	不要因为与他人不同而感到烦恼
132	在职场上宣布"我是某某团队的一员"
134	将汇报和联络型的工作安排到上午
136	检查邮件之前,先检查日程安排
138	3分钟内能完成的事情,当下立马去做
139	办公工具也要追求最好

PART 10 每天进步 0.1%
重视高效学习法的培养和使用

142	学习时，以 20 分钟为一个时间单位
144	使用分段式模块化学习法提高学习效率
146	利用人的身体结构来强化背诵效果
148	学习前做做伸展运动
150	积极锻炼非惯用手
152	记录学习成果，收获成就感
154	快速一瞥，3 分钟记住 45 个英语单词
156	早上 + 计时器，提高学习效率的两大秘诀
157	把厚厚的课本拆成一个个薄薄的小本

PART 11 每天进步 0.1%
通过记笔记来让灵感落地

160	将零散的笔记有机地联系起来
162	分开记录三种笔记
164	如何记录提醒事项笔记和想法笔记
166	定期审视自己的想法和笔记
168	在云端集中管理笔记
169	灵活使用数字备忘录
170	愿景笔记的记录方式

PART 11 ● 通过记笔记来让灵感落地·内容集萃 / 172

结 语

PART 1

每天进步0.1%

积极情绪训练计划

非常感谢！

用心滋养自己的心灵，保持愉悦的心情，快乐地度过人生中的每一天。只有心中想要快乐地生活，并付诸行动，我们才能真正地获得快乐。

01

做做心灵训练，
锻炼内心

> 想要锻炼头脑、让思维更灵活，我们可以做做脑部训练；想要锻炼身体、让筋骨更舒展，我们可以做做肌肉训练。那么，如果想要锻炼内心、让情绪更稳定、内心更强大，我们可以来做做心灵训练。沉浸于训练时，我们的心情也会在不知不觉中焕然一新。

"脑部训练"这个词语出现已经10年有余。当初这个词语兴起时的热潮不仅没有随着时间的流逝走向低迷，反而随着大脑科学的研究进步而越发受人关注，各大媒体、各个权威机构都开始为民众普及各种各样的脑部训练方法。现如今，脑部训练一词已经完全融入了人们的日常生活之中。

"肌肉训练"这个词语也经历了类似的发展历程。以前，这个词语的使用只局限在运动员等体育界人士的范围内。而最近，肌肉训练的热潮已经蔓延到了商务人士和老年人等群体中，覆盖了几乎所有人。

与脑部训练、肌肉训练相比，心灵训练还没有被广泛普及。但我认为，其实比起前两者，心灵训练才是人生中最重要的训练。

究竟是出于什么样的原因才会让我产生这样的想法呢？

"我想在夏威夷拥有一栋别墅。"

"我想和自己的梦中情人步入婚姻殿堂。"

大家之所以会拥有这样的梦想，是因为我们觉得"如果梦想实现了，那时自己的心情一定是非常好的"。

换句话说，实际上，大家的人生目标归根结底就是"在生活中保持愉快的心情"。即使在"人间仙境"夏威夷拥有好几栋别墅，但如果每天压力爆棚、心情烦躁，再多的房产也无济于事。假设人生换一个样貌，即使自己的安身立命之处只是一间小小的房子，但如果每天都能拥有好心情，那也是再好不过的人生了。在本章接下来的内容中，我会为大家具体介绍锻炼内心、收获好心情的心灵训练的实践方法。

做做心灵训练，锻炼内心吧

心灵训练

脑部训练　　肌肉训练

人生中最重要的事就是"在生活中时刻保持愉快的心情"。

02

培养良好的心灵习惯，愉快地度过每一天

> 即使发生了令自己不悦的事情，也要思考一下这件事有没有给自己带来什么有效的信息。没有什么事会毫无理由地发生、毫无理由地消失，但凡事情发生就一定有其价值和意义。

人生在世，不过百年，最重要的就是要相信周围发生的每件事情都能让自己感到快乐，并且养成心情愉快地度过每一天的心灵习惯。

那么，如何做才能让自己每天都保持好心情呢？我有一个诀窍，那就是读懂每件事情的真正意义。

"我的预约惨遭取消了。"

"我现在真的非常赶时间，却又遇到了交通堵塞，被堵在了半路上。"

每当出现这种让自己无法按照既定计划行事的突发事件时，与其不停地抱怨，不如去想想这件事情在向自己传递什么样的信息。

"老天爷是在告诉我应该怎么做吗？"——尝试转换思维，换种方式去思考，我们就一定会发现某件麻烦事其实也有它好的一面。

切换内心想法的开关，让自己保持阳光的心态吧。

养成保持好心情的心灵习惯

- 关注自己已经拥有的东西
- 懂得幸福就在自己心中
- 将"好幸运""真开心""谢谢你"作为口头禅
- 比起过去与未来，更加珍惜当下
- 牢记：只要有时间就做让自己开心的事
- 人生是个愉快的实验基地，任何事情都可以试试看

> 人生是个愉快的实验基地，任何事情都可以试试看。

03

欢欣雀跃？焦虑烦躁？
自己的心情自己决定

> 比起思考方式，其实感受方式对我们的影响更大。在感到快乐的时候，我们的行为举止往往能带给我们更多的幸福。

早晨醒来，外面小雨蒙蒙，天气阴阴沉沉，你一般会有怎样的感受呢？是觉得"下雨了，真的感觉好郁闷啊"，还是觉得"真是幸运，老天下了场及时雨"？对于雨天，每个人可能会有不同的感受和想法。

遇到的事情都是一样的，但感受却往往不同——对于同样的一件事，不同的人可能会产生截然相反的感受。针对这种现象，"积极思考""正向思维"等重视思考方式的指导方法非常有名。但相比之下，我们的感受方式才是更重要的，毕竟"感受→思考→行动"才是最自然的行为处事流程。也就是说，在行动之前要先进行思考，而在思考之前要先进行感受。正因如此，在重视思考方式之前，先给予"感受方式"更多的重视吧。

习惯，其实就是心灵、大脑和身体的习性与癖好

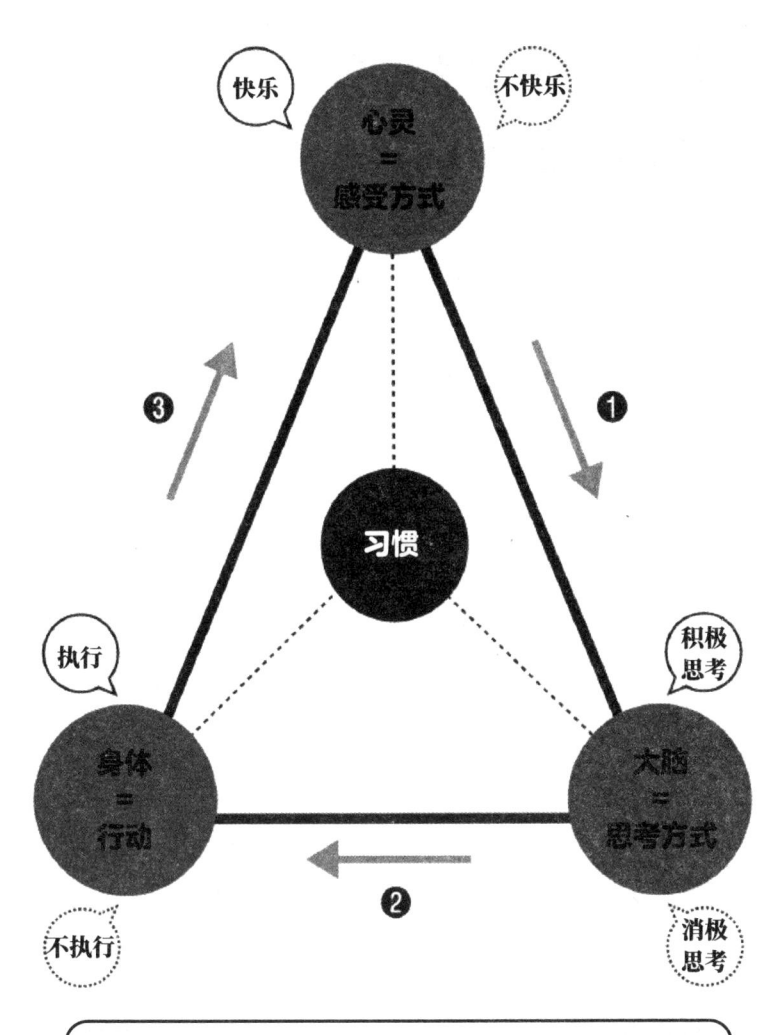

- 心灵 = 感受方式（快乐 / 不快乐）
- 身体 = 行动（执行 / 不执行）
- 大脑 = 思考方式（积极思考 / 消极思考）
- 中心：习惯

流程：❶ 心灵 → 大脑　❷ 大脑 → 身体　❸ 身体 → 心灵

> 如果感受到了快乐，那么我们自然就会习惯性地进行积极思考，从而做出能带给自己更多幸福与喜悦的行动。

04

消极思维涌现时，
开口说些积极的话

当我们陷入消极负面的思绪中时，整个人往往会在消极旋涡中越陷越深。每当这种情况发生时，我们可以尝试用正面积极的语言来转变自己的思考方向。

有一种说法是，我们每天大约要考虑5000件事情。

人的思维异常活跃，可以非常自由地从考虑这一件事情的思维转换到考虑另一件事情的思维，比如与这件事情相关的事情，或是以前发生过的事情，抑或其他类似的事情，等等，思绪可以纵情驰骋于大脑之中。

还有一个非常值得大家关注的数据——悲观的思维在我们所有思维中占据了九成。

如果按照之前"每天大约要考虑5000件事情"的说法计算，也就是说，我们每个人每天大约会产生4500种消极思维，而正向的积极思维仅为500种。

除此之外，消极思维还会不断地自我繁殖。一旦朝着负面消极的方向思考问题，消极思维便会不断衍生出更多的消极思

维，并且还会不断提升衍生的速度。

有一种方法可以避免这种情况的发生——每当消极思维开始涌现的时候，开口说一些正向积极的话语吧。

"与其胡思乱想，不如不管它三七二十一直接试试看吧""没关系，只要我把话说出来，对方肯定可以理解"等，尝试着用积极的话语来劝诫自己吧。

当我们陷入消极情绪时，只要说出一句正面激励自己的话，就能很好地防止负面思维的滋生。

> 人类很容易产生消极思维。有意识地多说些正向积极的话吧。

05

人生道路是呈盘旋上升的螺旋形的

近年来,越来越多的人开始对外倾诉自己心中的惆怅。这是因为大家想象中的人生道路都是一条直线上升的畅通大道。

重病缠身、失恋心碎、公司倒闭……在真实的生活中,谁都可能遭遇一些人生中的不如意。人生中,既然有光辉夺目的瞬间,那也必然会有陷入低谷的时刻。但如果想象自己的人生道路是一条笔直的大道,那么路途中稍有颠簸坎坷可能就会陷入失落痛苦中无法自拔。

那么,让我们把人生想象成一圈一圈盘旋上升的螺旋形曲线吧。虽然会有下降的时刻,但那也是在为后续的上升积蓄能量。

螺旋形,也是一种圆形。把人生看成一条螺旋形曲线时,我们就会发现,之前我们误以为的低谷其实正是自己今后获得成长的能量源泉,而且没有任何一个人的人生是毫无迂回的一条直线。

从直线形思维转换为螺旋形思维

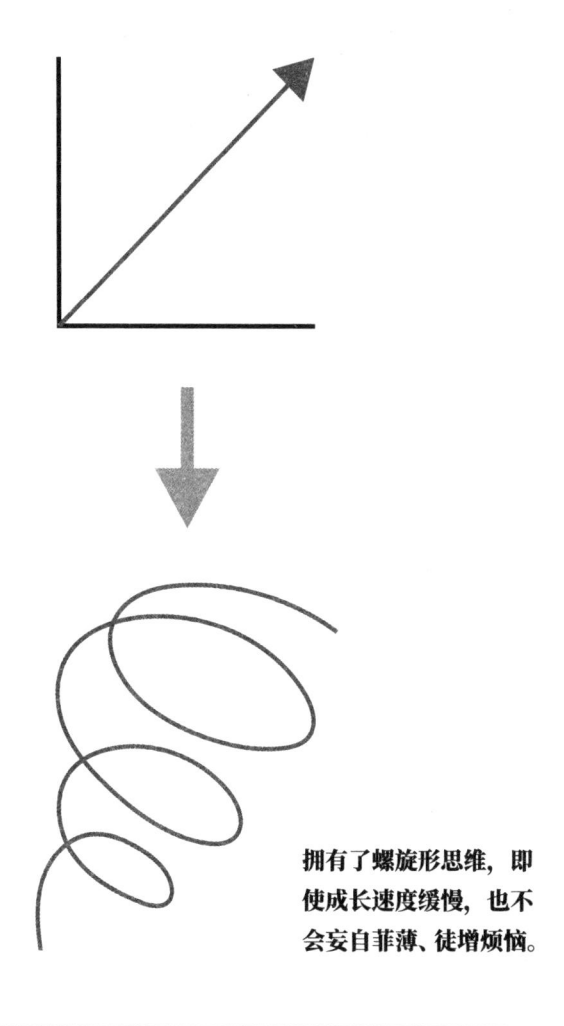

拥有了螺旋形思维,即使成长速度缓慢,也不会妄自菲薄、徒增烦恼。

勾绘人生圆圈的同时,积极吸收周围的一切资源,让自己不断地蓬勃生长吧!

06

接纳自己，
活出自己的风采

不要一味地挑剔自己的不足，接纳真实的自己，活出自己的独特风采。

我们往往容易只看到自己身上的缺点，不留情面地给自己判上一个大大的"×"。

这种习惯的背后存在着一种固定思维：填满并弥补不足就能获得幸福。

但是，如果我们总是给自己打"×"，往往会让自己产生"自己于这个世界可有可无"的错误认知。

人活在世上，每一个人都在寻求认可。当收到"√"的评价或赞赏时，我们内心的充实感会大大增加，同时我们还会收获幸福满满的愉悦心情。

但需要注意，如果只是想着从他人处获得"√"的评价，就会让自己越来越在意他人的目光。

所以，比起寻求他人的认可，寻求自我认可、给自己打个

"√"才是最重要的。只要能做到这一点,我们就能在不介意他人目光的前提下,活出自己真正的风采。

那么,如何才能做到这一点呢?现在请大家站在全身镜前,看着自己的眼睛说出这句话吧:"我就是我,独一无二的我。我非常喜欢这样的自己。"告诉自己,无须逞强,做原本的自己就好。如此一来,我们便能够接纳最真实的自己、活出自己最独特的风采。

给自己打个"√",接纳最真实的自己吧。

07

用"谢谢你"取代"不好意思"

当麻烦别人为自己开门的时候,你是不是会不自觉地说出"不好意思"呢?在可以使用"谢谢你"的情境中,很多人会倾向于用"不好意思"来取而代之。然而这个习惯很可能会给我们的心理带来极大的负面影响。

太过频繁地使用"对不起"会给自己的心中留下"我总是在搞砸事情"的消极印象。

而越频繁地使用"谢谢"等字眼,越会在自己的潜意识中留下"我真是幸运啊""这个世界上都是值得感恩的事情"的积极印象。得益于此,自我形象也会不断地提升。

多表达感谢,让自己从内心培养出一种积极的习惯吧。

08

多读书，让真正的自由触手可及

我们从过往的经验中不断学习，从而获得了一次又一次的成长。但我们的个人经验往往是极其有限的，而读书正是我们获取他人经验的最重要、最有效的方式。

每本出版的图书中都蕴含着作者长年累月积累出来的人生经验和智慧，而这些内容会以仅仅十几到几十元的合理价格分享给大众。我们只需阅读，就能体验到形形色色的人生，从而帮助自己加速成长。

从成功者的自传中，我们可以获得突破难关的启示；从遥远国度的人们的生活方式中，我们可以获得摆脱固有思维的灵感。人生视野不断开阔，心灵也会变得愈加轻松。

> 书籍是最好的家庭教师。从书中我们可以获取他人的人生经验和智慧。

PART 1

积极情绪训练计划·内容集萃

- ☐ 生活中时刻保持好心情。 ········ 002
- ☐ 发现每件事情的积极意义。 ······ 004
- ☐ 比起思考方式,我们更应该重视感受方式。 ····· 006
- ☐ 情绪低落的时候,说些正向积极的话语。 ····· 008
- ☐ 人生之路实际上是呈螺旋形上升的。 ······ 010
- ☐ 接纳真实的自己。 ········ 012
- ☐ 让"谢谢"成为自己的口头禅。 ······ 014
- ☐ 通过阅读体验不同的人生。 ······ 015

PART 2

每天进步0.1%

良好的金钱使用习惯养成计划

生活与金钱，二者往往密不可分。赚取金钱、花费金钱，不断循环。为了实现自己的最终梦想，我们要养成热爱金钱也被金钱眷顾的好习惯。

01

抛弃偏见，
尊重金钱的存在

你是否认为"金钱是肮脏的""存钱是粗俗的"呢？对金钱怀有敬意，才能与金钱"两情相悦"。

　　金钱，绝对不是一种消极的存在，谈及金钱并不粗俗。但很多人都会抱有一种偏见，认为谈钱不文雅，也不高尚。如果你认为金钱肮脏，那么就会觉得没有钱也没什么大不了的，也就更加不可能养成存钱的良好习惯。

　　对金钱持有负面想法，最终也会对金钱的流动造成阻碍。如此一来，就无法积攒下任何财富。

　　如果你一度因为存不下钱而烦恼不已，那么，比起培养存钱、记账的习惯，爱上金钱才是你应该迈出的第一步。所以，首先请养成大声说出"我爱金钱"的习惯吧。

　　同时，对钱的称呼也很重要。把钱称为"金钱"吧！如果言谈中体现不出对金钱的敬爱，那么也会在一定程度上降低我们的财运。把工资称为薪资，把结账称为买单，你越敬爱金钱，金钱才越会给予你足够的关爱。

此外，钱包中钱币的摆放也很重要。大额纸币和小额纸币，你会把哪种纸币放在最前面呢？

正确的做法是，把大额纸币摆放在最前面。"大额纸币就是与我最匹配的面值"，从金钱观上树立自信，这样在不知不觉中就会改变自己对自己的印象。

热爱金钱、敬爱金钱的做法

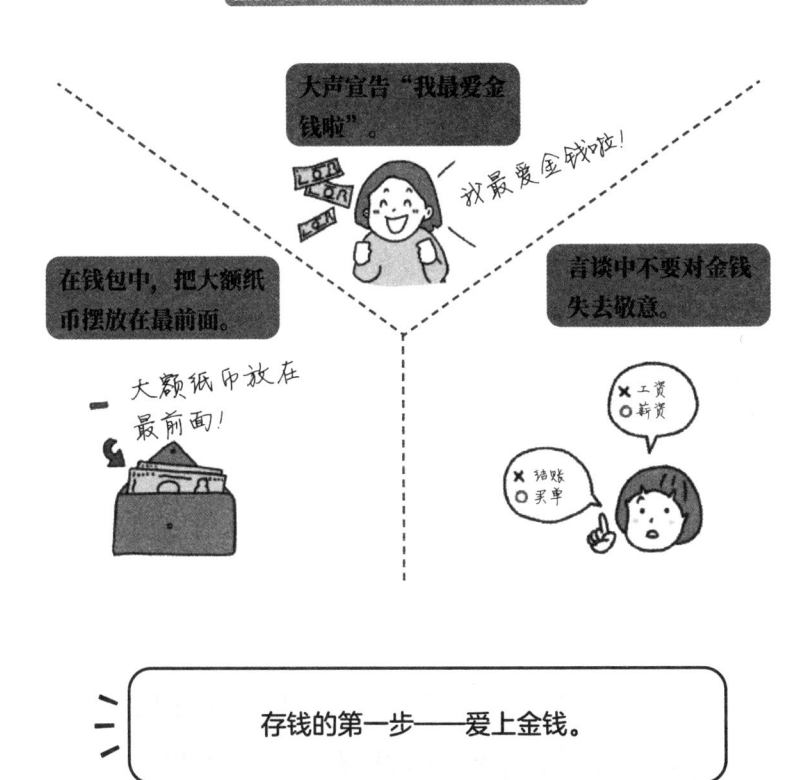

大声宣告"我最爱金钱啦"。

我最爱金钱啦！

在钱包中，把大额纸币摆放在最前面。

大额纸币放在最前面！

言谈中不要对金钱失去敬意。

✘ 工资
○ 薪资

✘ 结账
○ 买单

存钱的第一步——爱上金钱。

02

摆脱局限，关注金钱能带来的价值

> 摆脱局限性思维，不要只是单纯地想着获得金钱。比起金钱，我们更需要给自己设定好具体的愿景和目标。

很多人都希望拥有更多可以支配的金钱，但实际上他们想要的并不是金钱本身，而是通过金钱所获得的自由。

只要拥有足够的金钱，我们就能拥有足够的自由，去自己喜欢的地方旅行，购买房产、汽车，过上自己喜欢的生活——也就是说，金钱是我们实现梦想的能量源泉。如果能够领悟到这一层本质，我们就会明白，金钱并不像我们所想象的那般世俗，我们今后也更不会以追求金钱为耻。

金钱，如同空气一般，虽然不可或缺，但并不是我们所追求的终极目标。

所以，我们需要及时调整自己的金钱观，摆脱既有的局限性思维，去关注金钱能带来的价值——我们想用金钱来做什么？

比起只是单纯地追求金钱，当我们把对金钱的渴求落实到具体的愿景和目标上时，我们会更加斗志昂扬，动力也会更加充足。

金钱能够帮助我们成就更远大的梦想、实现更具体的愿望。当梦想与愿望都得以实现的时候，更多的金钱就会源源不断地涌入我们的生活。

将视线转向"我们想用金钱来做什么"

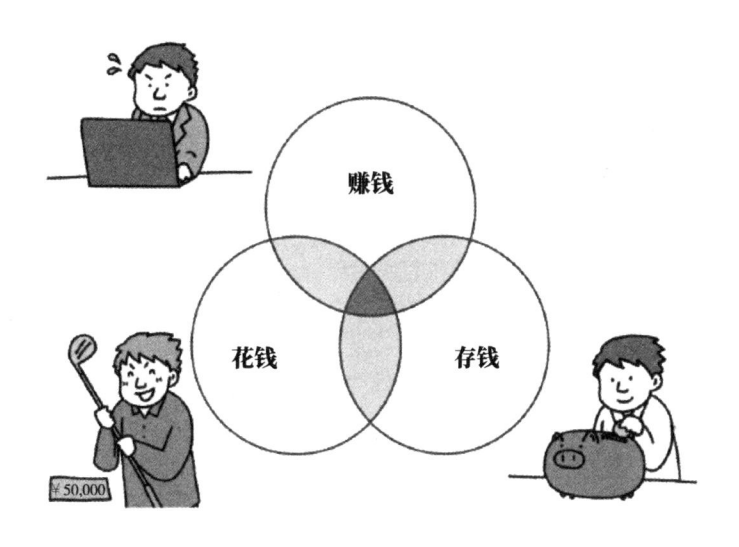

赚钱

花钱　　存钱

¥50,000

> 金钱是实现梦想的能量源泉。让我们多多关注"想要通过使用金钱去实现的事情"吧！

03

心怀感恩，从事能让他人感到开心的工作

> 平时工作时，如果怀揣一颗感恩之心，时时刻刻想着要为社会做出自己应有的贡献，金钱也会源源不断地涌入我们的人生。

　　从事能够收获他人感激的工作的人，收入往往更高，钱包也更充实。就像心脏能将血液输送到身体各处一样，"感谢"能将金钱输送到我们的生活之中。

　　不知道为什么，财运总是与我无缘……如果这是你的真实心声，那我不得不告诉你一件可悲的事情，这可能是因为你在工作中并没有收获太多的感谢。在这种情况下，我建议大家转换一下自己的工作理念。不要再为了收入而工作，尝试着去感知工作能给自己带来的幸福，开始为了奉献社会而努力工作吧。

　　即使只是"把零钱放进收银台旁边的募捐箱"这种小事也完全可以。出于感恩与奉献社会而付出的金钱，经过重重轮回后一定还会回到你身边。

培养让自己财运亨通的习惯

学习与金钱相关的知识

积极主动地了解税金、保险、利息、节约技巧和经济学等方面的信息,越懂金钱之道,越能赚钱。

拥有多个收入来源

当你拥有多个收入来源时——哪怕只是两个,都可以帮助你更好地应对本职工作。比如,除了在公司任职外,可以尝试接一些能很快收到报酬的广告业务。

在上午处理和金钱相关的业务

在大脑清醒的上午处理与财务相关的业务,避免让某个微不足道的小错误影响自己的征信。

拥有专用的理财空间

在专用的办公桌上处理与理财相关的业务。如果条件有限,可以为自己平时使用的桌子营造一些特别氛围。

拥有一部自己喜欢的计算器

即使不擅长计算金钱也没有关系,一部计算器就可以协助我们解决很多问题。如果恰好还是自己喜欢的计算器,那么使用起来也会更具趣味性。

使用长款钱包

使用长款钱包的时候,纸币无须折叠就可以放进去,整体观感上也会更舒服一些。给自己的钱包足够的关爱,钱包才会为你吸纳更多的财富。

> 积极面对工作、珍惜金钱的人才会得到财运的光顾。

04

皮钱包、银钱包、金钱包——灵活使用三个钱包

> 这里所说的钱包,并不单纯是指我们平时随身携带的钱包。把银行和保险箱也当成自己的钱包吧,灵活使用它们就可以让金钱越攒越多。

想要养成存钱的好习惯,有效使用三个钱包,让金钱得到高效循环,是非常重要的一环。

第一个钱包是皮钱包。我最推荐的钱包款式是皮革材质的长款钱包。长款钱包内部空间宽敞,纸币无须折叠,可全身舒展容身,可谓为最尊贵的客人(钱财)准备的"可以身心舒畅地享受自由时光的高级宾馆"。

第二个钱包是银钱包,也就是银行账户。准备一个不能轻易取出金钱的储蓄专用账户,切记不要办理现金卡,只办理纸质存折。随身携带存折,每次看见银行时,就去存一下手头的零钱吧。

第三个钱包是金钱包,也就是放在家里的保险箱。小一点也没有关系,只要能够满足把钱按种类分别放置的需求就可以。为钱财创造一个专属位置,随时准备迎接金钱的大驾光临吧。

让金钱循环起来

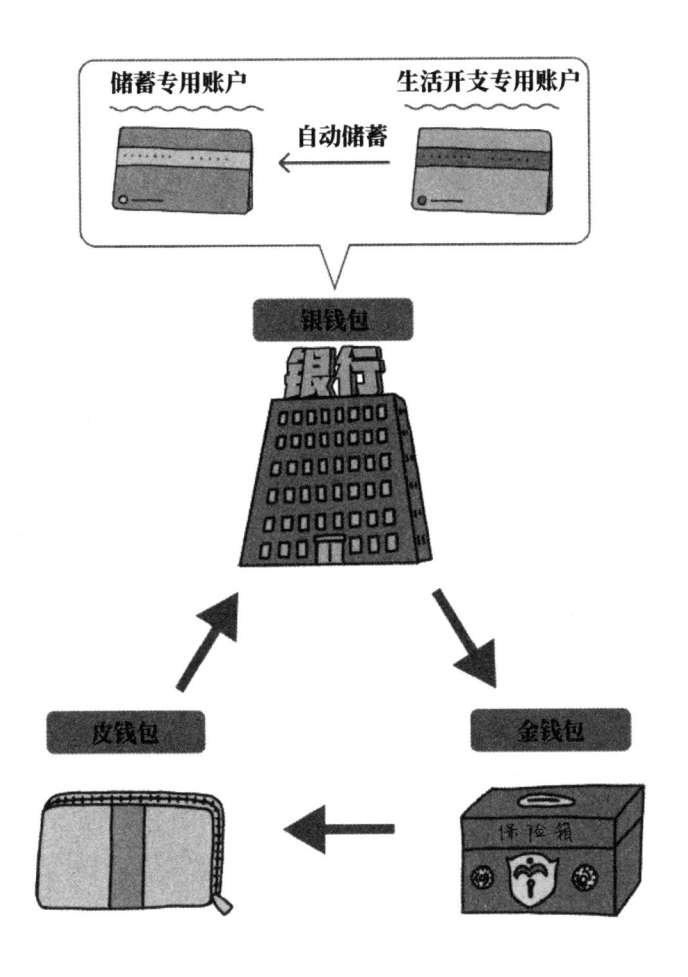

储蓄专用账户 ← 自动储蓄 — 生活开支专用账户

银钱包
银行

皮钱包　　金钱包

把钱放进存储专用账户或保险箱里。需要用钱时,再将其转移到随身携带的钱包里。

05

愉快地花出每一笔钱

> 对金钱表达感情的最好方式就是"好好花钱",高高兴兴地使用每一笔钱。

使用金钱的方式不外乎三种:消费、浪费以及投资。

消费,是指购买生活必需品。投资,是指利用金钱来使自身获得成长以及使资产增值。

但一不小心,消费和投资就会转变为"浪费"。比如,因为便宜而购买了大量食材,最终吃不完导致食材浪费;或者拿钱来赌博,这些都是金钱上的一种浪费。把钱花在这些无谓的事情上,想必大家事后都会后悔不已吧。

平时消费的时候,要养成一种自问自答的习惯。每当花钱的时候,问问自己,这一笔花销属于"消费""浪费""投资"中的哪一类?实践证明这种做法真的十分有必要。

如果觉得这是一笔正当的、有必要的支出,那么干干脆脆、高高兴兴地把这笔钱花出去吧。对即将花出去的金钱说句

"谢谢你来到我的身边。现在开始你的新旅程吧,一路顺风!"让它们带着你满满的爱意愉快地启程吧。

如果希望自己花费的金钱有朝一日还能再次回到自己的身边,记住一个秘诀——花钱时,不要犹犹豫豫,也不要觉得空虚或是不舍,心情舒畅地花钱才是金钱的正确使用方式。

让金钱再次回到自己身边的秘诀

- 高高兴兴地马上付钱。
- 除了房产之外,不再有其他贷款。
- 时常捐款,哪怕只是微不足道的金额。
- 把每笔花费都记录下来。

> 金钱会回到那些能够干脆并开心花钱的人的身边。

06

探索新的花钱方式，拓展自己的人际关系

> 除了总是和固定的朋友聚会消遣之外，偶尔也去扩展一下自己的朋友圈吧。

我们每个人都会经常和固定的朋友相约，一起去吃饭，一起去喝茶，或是一起出游。

当然了，和恋人约会、和朋友聚餐，这些都是我们生活中不可替代的美好时光。可若是换一个角度想想：反正约会都是要花钱的，那我们何不偶尔也尝试一下花钱去扩展自己的人际关系（朋友圈）呢？

一听到"扩展人际关系"，我们往往就会不由自主地想让朋友直接给自己介绍几位新朋友。

但如果真的想要扩展自己的人际关系，那么不如把钱用在为自己的朋友介绍其他人上面吧。例如，通过自己的牵线搭桥，介绍可能成为商业伙伴的双方认识，或是为正在寻觅良缘的两个人相互推荐。

如果是一边喝咖啡一边介绍双方认识的,那么在这种场合下,我们中途离场也完全没有问题。

如果我们的举荐能为对方带来好处,我们自然会得到来自对方的感谢。而对方出于感谢很可能也会为我们介绍更优质的人脉。

为他人做出一定的贡献便能收获他人的信任,而这种信任会给我们带来全新的机遇与邂逅。

先把自己的人脉介绍给朋友,这样对方也会为我们介绍更好的资源。

07

详细记录每一笔花销

〜〜〜〜〜〜〜〜〜〜〜〜〜〜〜〜〜〜〜〜〜〜〜〜〜〜〜〜〜〜

为了避免浪费,推荐大家详细记录下自己的每一笔花销。

〜〜〜〜〜〜〜〜〜〜〜〜〜〜〜〜〜〜〜〜〜〜〜〜〜〜〜〜〜〜

现在请大家回忆一下,你平时有没有在乱花钱?

例如,在自己不是很饿的情况下,只因为恰巧走到了售卖蛋糕的柜台旁,就不自觉地掏钱买了一块?

为了避免自己每每忍不住"剁手"所造成的金钱浪费,我建议大家把自己的每一笔花销都详细记录下来。

首先准备一个笔记本,每花一次钱就把花费的金额和用途一一记录下来,同时养成偶尔翻看之前消费记录的习惯。

如果你也曾数次如本篇开头所举的例子那般不自觉地买点心,那么翻一翻之前的记录,你应该就会发现笔记本上记录着很多条有关购买点心的消费记录。

每一笔的花费可能只是100日元左右,但如果100日元逐渐累积起来,就会变成1万日元甚至是更大的金额。

让我们果断干脆地削减掉这类无谓的开销吧。

我本人也通过上述记账的方式，发现自己喝了太多的咖啡。

现如今，我不仅不再浪费金钱，而且还戒掉了过度饮用咖啡的坏习惯，生活质量也在不断地提高，可谓一举两得。

> 翻看自己曾经的消费记录时，可以从中发现很多看似不值一提的浪费以及不良的消费习惯。

08

适当精简，拒绝办理多张信用卡

> 如果持有的信用卡数量过多，很可能会造成过度消费。所以适当做做精简，消费时只集中使用一张信用卡吧。

曾有调查显示，很多陷入个人债务危机的人都曾使用多张信用卡。

信用卡张数一多，消费账单便会分散开来。而零散的消费账单又很难让人产生危机感。

例如，有人持有3张信用卡，想着每张卡的消费只要不超过4万日元就能偿还清，所以就毫无负担地进行消费。可到了月底，3张信用卡的总计待还金额便达到了12万日元。

如果继而以"无法一次还清12万日元"为由，选择分期偿还，那么手续费就会越积越多，最终导致总账单迟迟无法还清。

为了避免这样的结果，让我们适当精简，只集中使用一张信用卡吧。这样一来，我们既能一目了然地掌握全部的账单金额，也便于自我监督，防止账户过度透支。

说实话，信用卡并不适合自我约束、自我管理能力较差的人使用。可如果我们能做好自我管理，那么使用信用卡进行支付其实好处多多，比如，可以积累消费积分。我们每个月要交的房租、水费、电费、煤气费等都不是小数目，如果使用信用卡支付，就能相应地积攒下大量积分。当我们养成了使用信用卡支付的习惯时，也许仅凭积分就能抵消每月的电话费呢。

> 如果能灵活地使用信用卡，仅凭积分累积，我们便可以换得众多福利。

PART 2

良好的金钱使用习惯养成计划·内容集萃

- ☐ 大声宣告："我最爱金钱！" ·············· 018
- ☐ 思考自己想要花钱去做什么。············ 020
- ☐ 工作时，别忘了感恩和奉献社会。·········· 022
- ☐ 使用三个钱包，让金钱循环起来。·········· 024
- ☐ 高高兴兴地花钱！··················· 026
- ☐ 为朋友牵线搭桥介绍其他人，让他们互相认识。···· 028
- ☐ 记录金钱的使用明细并适时回顾。·········· 030
- ☐ 集中使用一张信用卡。················ 032

PART 3

每天进步0.1%

让好运每天都发生的运气练习

没有必要去羡慕那些运气爆棚、顺风顺水、红运当头的人，好运气完全可以通过自己的行为来获取。和运气成为朋友后，无论什么时候，我们都能心情舒畅、昂首挺胸地迈步前行。

01

迎着晨曦醒来，
开窗呼吸新鲜空气

> 如果能心情舒畅地度过平凡的每一天，那么我们的整个人生都会变得分外美好。只要能把握住每一个清晨，学会好好享受和利用每一个清晨的曼妙时光，那么我们就能让每一天都有一个最好的开端。

每一个全新的清晨，大家都想以最好的心情醒来。最为理想的醒来方式就是在晨曦的照拂下自然地清醒过来。这里有一个小小的诀窍可以帮助大家实现这种最为理想的醒来方式——在前一天入睡前，给窗帘或百叶窗稍微留下一些空隙，不要遮挡住全部的光线。

此外，把起床叫醒闹钟设置成一首自己喜欢的音乐吧。沐浴着温暖的晨光，在最爱的旋律中苏醒，真是人生一大妙事啊！

醒来后，建议大家先对自己说一句"感觉今天心情很好"，给自己一个积极的心理暗示。无论今天是阴云密布还是细雨绵绵，只要猛然打开窗户，吸入一天中的第一口新鲜空气，我们的心情就会变得舒畅。

准备洗漱时,站在洗手间里,高兴地对着镜子中的自己大声说一句"早上好"吧!

如果我们能以最好的心情来迎接全新的一天,那么这一天一定会是运气爆棚的美好的一天。

清晨的新鲜空气会为我们招来好运

打开窗户 清除室内积存的二氧化碳,大口呼吸晨间的清新空气。

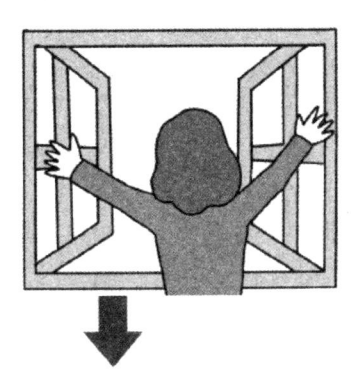

↓

向自己问好 现在的自己就是迄今为止最棒的自己。笑容满面、心情愉悦地对自己打声招呼吧!

早上好!

坚持每天早上醒来时都"觉得今天心情很好"吧!

02

清扫、整理、归纳——简单三步焕然一"心"

> 房间的状态，其实就是我们心灵的状态。在乱糟糟的房间里，任何人的心情都不会舒畅。一屋不扫何以扫天下，保持房间的干净整洁，让自己舒舒服服地度过每一天吧。

据说某位经营顾问对每一位客户进行指导时，提出的第一个建议都是"清扫、整理、归纳"。

比起改善经营模式和激励员工，第一要务是先让公司变得干净整洁起来。和其他所有优化策略相比，这种改变对提高业绩最有效。

公司的办公桌也是非常重要的一大因素。桌子的状态显示了我们真实的心理状态。如果桌子上各种物品摆放得乱七八糟，那么那位员工大概率也没有什么明确的目标，在工作中出错的概率也会高于其他人。

而自己房间的状态也同理。到目前为止，我还从没见过任何一个人每天都生活在杂乱无章的房间中还能拥有美好的心情、过着幸福充实的人生。

也许有的人会认为人生充满不幸，所以自己的房间才会一片狼藉。然而事实却恰恰相反——人生之所以不幸，正是因为自己的房间凌乱无序。

房间中最重要的地方是玄关。看一眼某人家里的玄关，就能知道那个人的人生充实度。

如果不能做到每天都打扫一遍玄关，那么至少早上把不穿的鞋放进鞋柜里吧。

玄关整洁，整个房间自然也会变得井井有条，这真的是一件很不可思议的事情。希望大家都来尝试尝试。

> 让自己的办公桌成为公司内最干净的办公桌吧！让自己的玄关也变成附近人家中最干净的玄关吧！

03

每天一次，
大声说出自己的梦想

> 向流星许下自己的愿望，愿望就会实现——要相信，这可不是什么故弄玄虚。让我来告诉你这究竟是什么原理吧！

据说"在流星消失之前，重复三次说出自己的愿望，愿望就能实现"，当然，这句话的意思并不是说"擅长绕口令的人，最容易得偿所愿"。其实关于流星的真正传说是：在流星消失之前，完整地说完一次自己的愿望，那么愿望就能实现，而我们每个人都有三次这样的机会。

流星总是在我们始料未及之时突然出现，所以最重要的是：无论什么时候谈到愿望这个问题，都能很顺畅地说出自己的愿望。为了能够做到这一点，要一直对自己的愿望保持一种强烈的执着精神。

也就是说，比起是否真的能遇到流星，更重要的是随时随地都能勇敢地说出自己的梦想和志向。

我建议大家在自己既有的习惯中再加上一个小习惯，比如在淋浴、慢跑、洗脸等时候，大声说出自己的梦想和志向。我们很难腾出专门的时间去自由地畅谈梦想和志向，可这样的小习惯想必大家都是可以坚持下来的。

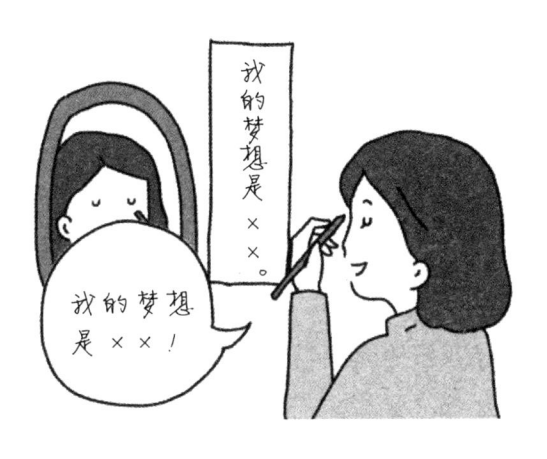

> 无论何时，都要让自己能够大声且清楚地说出自己的梦想和志向。

04

给手机的锁屏壁纸换新颜

有数据表明，我们一天平均会看200次手机锁屏壁纸。由此可知，手机锁屏壁纸中所呈现的内容对我们的潜意识有着非常大的影响。

当一个人反复地看到同样的内容时，这些内容就会进入到他的潜意识之中，并给这个人带去很大的影响。

说起日常生活，我们最可能反复看到的东西想必就是手机的锁屏壁纸了。

无论是查阅邮件、确认时间，还是搜索查询，每次拿起手机，我们都会看到手机的锁屏壁纸。有统计显示，每个人每天平均要看200次手机锁屏壁纸。换言之，如此频繁地映入我们眼帘的智能手机的锁屏壁纸，会对我们的潜意识产生巨大的影响。

如果你给自己的手机设置的是含有消极印象的锁屏壁纸，我建议你最好马上把它换掉。锁屏壁纸中

的消极画面会在不知不觉中进入你的潜意识之中，并且会不可避免地给你带去负面影响。

把自己的人生目标、人生理想融入自己的手机锁屏壁纸中吧。每天看这个画面200次，这些内容就会自动输入你的潜意识中。

如果现在的你还没有具体的人生目标或是人生理想，那么就拍摄并保存下自己最完美的笑容，然后把它设置为手机锁屏壁纸吧，这也是一种不错的选择。毕竟我们每天都会看到200次，所以不要再使用手机的初始壁纸了，将其设置成自己最喜欢的图片吧。

> 在智能手机的锁屏壁纸中，融入自己的人生目标或人生理想吧。

05

时常在草坪或泥土地上走一走

通常情况下，我们都行走在混凝土地面上。尤其是生活在由钢筋混凝土建造的都市中的我们，很少有机会能直接接触大地。鉴于此，给自己培养一个周末接触泥土的习惯吧。仅仅是这样一个小小的举动，我们就能从泥土中获得大自然独有的、清新的、全新的能量。

公园的草坪或者是附近的河滩都可以。只要大家在上面走一走，就一定能获得那种疲劳逐渐消退的舒爽感。

> 多去附近的河滩和公园转转吧，给自己寻找一处可以在土地上行走的地方。

06

享受赠送手写
留言卡的仪式感

近年来，电子邮件和聊天工具已经逐渐成了人们最主要的联络手段。适当返璞归真，偶尔也手写一些卡片赠送给曾经关照过自己的人吧。

普通的留言卡或是一纸信笺就可以，提前准备几款设计精良的款式吧。如果迟迟找不到赠送的契机，那么就搭配着自己送出的小礼物简单写一些文字吧。为了避免给对方造成太大的心理负担，只需要准备一些小点心就可以了，无须过于昂贵。

给礼物系上可爱的蝴蝶结，也可以更好地向对方传达出我们的情意。

> 即使不是在特别的日子里也完全没有关系，从平时开始，养成积极主动表达感谢的习惯吧。

07

听听心脏的跳动声

当你拿自己和别人作比较进而变得意志消沉时,或是遭遇失败倍感失落时,试着把手掌放在自己的胸前感受一下心脏的跳动吧。如果身边有听诊器,请一定要听听自己心脏的跳动声。

拥有生命,存在于世,本就是一件足够美妙的事情。但心烦意乱时,我们很难客观地肯定自己的存在价值。在这种时候,去听听自己的心跳声吧。不仅心情会不可思议地平静下来,对生命的感激之情也会从心中油然而生。

> 通过感知生命的存在,我们可以更好地珍惜自己的人生。

08

前往让自己感到身心愉悦的地方

"总是觉得对什么都提不起兴趣……"每当出现这种想法的时候，最好马上换个地方工作或休闲。

正如游牧工作者（nomad worker）一词所代表的含义一般，现在无论是工作还是学习，我们都没有必要在固定的场所进行。

在公园、机场、酒店等地方找到自己喜欢的咖啡馆，将这些地方定为"自己喜欢的专属地"是个不错的选择。短途旅行或是散散步，转换心情的同时也让自己的运气转向更好的方向吧。

> 珍惜在"自己喜欢的专属地"度过的每分每秒。

PART 3

让好运每天都发生的运气练习·内容集萃

- ☐ 在清晨的阳光下自然醒来。······036
- ☐ 把家里的玄关打扫干净。······038
- ☐ 随时说出自己的梦想和志向。······040
- ☐ 将手机锁屏壁纸设置为自己最喜欢的照片。······042
- ☐ 周末感受大自然。······044
- ☐ 送给别人自己手写的留言卡。······045
- ☐ 把手放在胸前,感受心脏的跳动。······046
- ☐ 兴致不高的时候,不如换个场所。······047

PART 4

每天进步0.1%

创建良好的人际关系并从中持续受益

每个人都在人际关系中不断成长着，人际关系在给我们带来幸福的同时，也会不可避免地带来各式各样的烦恼。不过，有时一件微不足道的小事也能为我们延续一段美好的缘分。

01

先主动打招呼

若想创建良好的人际关系,首先要养成先主动打招呼的好习惯,其他任何做法都没有这个微习惯重要。

"寒暄"这个词语中包含着"敞开心扉,接近对方"的意思。以开放的心态主动接近对方才是最为高明的寒暄方式。

接下来我给大家介绍一下,怎样与初次见面的人打招呼才是与其结缘的最有效的寒暄方式。

首先,自己主动报上全名。比起只介绍自己的姓氏,报上全名会给对方留下更深刻的印象。其次,"多聊聊对方提出的话题,让气氛热烈起来",这种做法会给对方传达出"我对你很感兴趣"的信号。

在维系关系上,接下来的第三点是非常重要的——和对方约定好下一次的见面计划。

"不知近期是否有机会能够前去贵公司拜访呢?"询问对方并获得允诺后,行动起来,真正地去落实吧。

维系人与人之间关系的寒暄方式

第1步

主动打招呼，告知对方自己的全名。

> 初次见面，我是山田太郎。

这个时候，如果交换一下名片，效果会更好。

第2步

询问对方的情况。

> 贵公司在哪个地铁站附近呀？

相互交换名片后，询问对方的公司地址、工作岗位以及职务，等等。

第3步

约定下次见面的计划。

> 不知近期是否有机会能够前去贵公司拜访呢？

如果已经定好了下一次的见面计划，那么就代表着已经联结了彼此之间的缘分。

迎来一场全新的邂逅时，和对方约定好下一次的见面计划，这可以让彼此的缘分得到真正的联结。

02

为对方创造
容身之所

"感觉自己无处容身"可谓世上最痛苦的事情之一。因此,能向他人表达出"我这里有你的位置"的人,无疑会更受欢迎。

在派对、酒会等人群聚集的场所,如果只有自己没有任何熟人,那么我们很可能会不由自主地产生一种"无处容身"的感觉,仿佛整个世界都在向我们呐喊:"这里根本没有你的容身之地!"

在这种时候,如果有人能对我们说一句"嗨,到我这里来吧",那种感觉真的棒极了,简直没有比这更令人感到高兴与解脱的事情了。

"这里有空位,到这里来吧。""我这里还能挤一挤,你要过来吗?"——养成主动向他人打招呼的习惯吧。

这种话术,虽然看似是我们在积极地采取行动,但实际上行动的主动权已然交到了对方手中,因此既不会让对方产生"冒昧鲁莽地闯进陌生人集体"的不适感,也更容易被对方接受。

如果还能进一步邀请对方一起行动,那就更好了。"我们要一起去KTV,你要加入我们吗?"这样一来,"我这里有你的位置"的信号会愈发强烈。

"有自己的容身之处",无论对谁来说都是一件极其幸福的事情。

> 向对方打声招呼,"来这里呀""到我们这边来吧",对方对我们的信赖感会瞬间提升!

03

八成听，两成说

> 想要和某个人更亲近的时候，我们会不自觉地越说越多。学会积极聆听，让对方多多表达吧。

想要获得对方的喜欢时，善于倾听远比善于表达更能给我们加分。

若想实现这一目标，最好的方法就是学会积极倾听。

第一步，积极附和对方——"原来如此！""原来是这样啊！"

第二步，重复对方的话语。

上述两步虽然很简单，却很重要也很有效果。听话者对自己所说的话做出反应时，无论是谁，想必其心情都会非常舒畅吧。

将对方说话与自己说话的比例控制在8∶2，这种做法不仅会让彼此间的交流更加顺畅，也会大大提升对方产生"我还想和××（即我们自己）见面"想法的可能性。

积极聆听

▶ 适时地附和。
▶ 重复对方的话语。

> 我去过××。

> 嗯?你去过××呀?

> 然后呢?然后呢?

表达占两成

聆听占八成

在和他人交谈时,有意识地附和和重复,对对方的话语积极地给出回应吧。

04

不要表演出更好的自己

> 平日里,大家是不是常常在演绎着一个不同于真正的自己的自己呢?其实,只有堂堂正正地展现出不耍帅、不逞能的最自然的自己,才能更好地吸引他人。

最近,随着"自我品牌打造"这个流行语越来越受人追捧,在社交网络上"积极发布有关自己的信息"一事也变得愈加普遍。

去了一家高级餐厅,参加了一场高端活动,摆拍几张酷炫的照片,然后兴冲冲地将其上传到自己的社交平台上。如果这个举动有助于提高自己的个人能力,那么无可厚非;但如果只不过是给自己贴上了一枚有异于真实的自己的假标签,那么这枚虚伪的标签总有一天会被无情地撕掉。

真正的品牌打造,是指不用逞强、堂堂正正地展现最自然的自己。如果因为展示了真实的自己而被对方嫌恶,那说明对方本就和我们没有缘分。

关于"最自然的自己"品牌打造方法，我最推荐的是：说出自己的"失败故事"。

"这会不会降低我的品牌形象啊？"——针对这一点，大家完全无须担心。

讲述自己的成功经历容易让人误以为我们在夸夸其谈，但若是讲述自己失败的经历，并以此为契机说出"正是因为有了这次的失败，我才获得了如今的成长"，这便成了我们最自然的、最不会惹人生厌的自我展示。

通过讲述自己失败的小故事，我们可以极富魅力地展现出最真实的自我。

> 讲述失败的经历，展现出自己最真实的状态——这样的人才是最具有魅力的人。

05

积极创造属于自己的人脉

> 这个世界上,任何人之间都可能存在千丝万缕的关联。无论是远在地球另一半的某个人,还是某位著名的人士,只要通过一定渠道的介绍,我们都能与其相识。

想必大家都听说过"六度分隔理论"(Six Degrees of Separation)吧?世界上任何两个互不相识的人,最多只需要通过6个中间人就可以建立联系。1967年,美国哈佛大学社会心理学家斯坦利·米尔格拉姆博士通过一系列实验对其进行了验证。

简而言之,无论彼此是怎样素不相识的陌生人,只要有人介绍,我们就能够认识世界上的任何一个陌生人。

正如小世界现象(small world phenomena)的描述,这个世界远小于我们的想象。

虽然我们可以使用社交软件与他人取得联系,但无论身处网络中的虚拟世界,还是身处现实世界,最重要的无外乎毫不犹豫地说出:"请帮我介绍一下。"

"我想和××交流交流""我想和××一起工作"如果你恰巧有这样一位想认识的人,那么爽朗地请求别人帮助你吧——"请帮我介绍一下××!"即使自己请求的人并没有直接的联系渠道,但只要经过6个人的介绍,无论是怎样的名人,你都能和对方取得联系。

不要总是羡慕那些拥有丰富人脉的人,行动起来吧!人脉是上天赐给那些想要主动创造人脉之人的最高奖赏。

把人脉看作上天赐给主动创造人脉之人的最高奖赏吧。

06

对人热情，
对事冷静

> 如果对事情采取宽松让步的态度，那么这次让步很可能会成为日后产生纠纷的导火索。

在与人交往中，待人热情是非常重要的原则之一。

然而，持有这种信念的人，在面对条款、制度时，往往也容易秉持同样的态度。

在对待金钱、合同、工作以及私人约定等问题时，这类人可能会做出"简单做做就可以啦""什么时候做完都可以"的答复，一不小心就表现出了"烂好人"的姿态。

然而，如果对待事情也采取马马虎虎、得过且过的态度，那么很可能会为日后的自己招致数不尽的麻烦。

为了防止出现诸如此类的麻烦，对人即使再热情，对待事情时也要秉持冷静客观的态度。

认真对待事情，认真看待既有的制度和条款，从最终结果来看对彼此都有好处。

"那个时候,认真地交换了备忘录,真是太好了!"——如果有一天我们能笑着对对方说出这句话,那便是我们冷静面对诸多条款,并且用最温暖的诚意来处理事情所能获得的最佳结果了。

> 用冷静的眼光来看待事情,正是我们向对方展现出的最大诚意。

07

给自己设计一句宣传语

若想加深自己给他人留下的印象,给自己设计一句宣传语是行之有效的做法之一。在做自我介绍的时候,说出自己名字的同时把能代表自己的宣传语也一起传达给对方吧,这样对方马上就能记住我们。

宣传语无须太长,使用简短的语言迅速传达到位即可。如果实在想不到合适的宣传语,那么就将自己定义为"××专家"吧,向对方简短而清晰地传达出自己的最大特点。

千万不要过分谦虚地说:"虽然自称为××专家,可其实我还不够专业……"哪怕我们说出的是自己未来的目标也完全没有关系,因为这种做法往往还会有另一层惊喜效果——嘴上这样说着,我们就真的能越来越接近这个目标。

> 简简单单的一句宣传语,不仅能让他人更容易记住我们,也有助于我们自己的个人成长。

08

说话直白一些也未尝不可

能和对方轻松愉快地进行对话的诀窍在于，抛出对方更容易接受的话题。隐藏在言辞背后的赞扬或谦虚，其实往往难以让对方立即接收并理解。拐弯抹角的谈话方式不仅很难让对方接受，也无法让对话顺畅地进行下去。向对方表述自己的观点时，特别是向对方表示感谢和夸奖对方时，一定要直白地表达出来。

"这家店又便宜又好吃，不愧是××你的推荐哦！""你帮我做了××，可真是帮了我的大忙了！"——通俗易懂、直白坦率的说话方式是与对方保持良好人际关系的诀窍。

> 含沙射影、拐弯抹角的暧昧语言可能会招致意想不到的误解……

PART 4

创建良好的人际关系
并从中持续受益·内容集萃

- ☐ 自己先报上全名。·················· 050
- ☐ 向对方打声招呼:"到我们这边来吧。"······· 052
- ☐ 适时附和并重复对方的话语。············ 054
- ☐ 通过失败的经历来展现真实自然的自己。······ 056
- ☐ 勇于请求别人:"请帮我介绍一下。"········· 058
- ☐ 冷静客观地对待事情。··············· 060
- ☐ 介绍自己名字时,附带一句自己的宣传语。····· 062
- ☐ 直白坦率地表达感谢和赞赏。············ 063

PART 5

每天进步0.1%

利用好清晨的长尾效应
并让优势持续一整天

一日之计在于晨，早上既是新的一天的开始，也是我们最容易吸收接纳新习惯的时候。如何度过这段重要的时光，会给我们的人生带来极大的影响。

01

认真地度过清晨时光

> 如果一定要说出最能改变人生的时间段,那么答案无疑是清晨。认真地度过清晨时光能够极大地提高我们获取幸福和成功的概率。

请大家现在想象一下自己正处于元旦的早上。打开窗户,尽情感受新一年的第一口新鲜空气,自己的腰杆仿佛一下子就挺直了。

"让今年变成这样的一年吧。""挑战一下××吧!"——迎接崭新的一年时,积极向上的冲劲儿与决心会自然而然地涌上心头。

如此特别的早晨,如果一年只有一次,那实在太过可惜。

如果每天早上都能像新年第一天的清晨一般兴奋与激动,那么我们的整个人生就会变得非常美好。

在本章中,我会为大家介绍几个晨间的微习惯,教大家把每个平凡的早晨都转变成最特别的早晨。

让我们把每日清晨定义为朝着自己的梦想、人生愿景奋发向前的开始时间吧。

如果你感受不到每个早晨所拥有的"晨间力量",那可能是因为对于你来说,早晨和晚上已经全然没了区别。

人类能够依靠人造光源生存的时间其实并没有太久。日出而作,日落而息,依照阳光来生活的节奏频率依旧牢牢地镌刻在我们的DNA中。

请大家试着迎着朝阳起床,然后打开窗户呼吸清晨最新鲜的空气吧,哪怕只先尝试一次也好。

想必那时的清晨应该和元旦的清晨一样,凛冽清冷的空气萦绕在自己身边,沁人心脾、清心爽神。

> 迎着朝阳起床,打开窗户呼吸清晨最新鲜的空气,尽情感知"晨间力量"吧!

02

调动所有的感官
来全方位地感知清晨

> 起床后的发呆时间,正是接触自身潜意识的绝佳机会。多给自己输入一些积极的能量吧。

早晨起床后的发呆状态,是一天中仅会出现几次的大脑特殊状态。

半睡半醒——这种状态正是接触我们平时无法意识到的潜意识的宝贵机会。

在这段时间中感受到的东西、说出口的内容,都会很容易地进入到我们潜意识的最深处。

人类的潜意识就像一台引导装置,引导我们去实现自己的梦想。充分利用这段特殊时间内的自动操纵效应,一边慢慢地唤醒身心,一边调动自己所有的感官来感知这个特别的清晨吧。我真的强烈推荐大家来尝试一下这样的生活方式。

调动所有的感官，充分享受清晨时光

视觉 — 迎着朝阳醒来。
早睡早起，恢复人类原本的生活节奏。沐浴着阳光自然地醒来吧。

听觉 — 聆听美妙的音乐。
小鸟的轻快鸣唱、小河的潺潺水声，在大自然的声音中得到治愈。

嗅觉 — 享受香薰的芳香。
用沾满香薰香气的手帕、围巾、毛巾来刺激大脑。葡萄柚香味是最清神醒脑的气味。

触觉 — 淋浴。
一边冲热水澡，一边给自己心理暗示。试着大声说出自己的梦想吧。

味觉 — 品尝早餐。
早上在肚子饿的状态下自然醒来是最为理想的情况。早餐食量的大小因人而异。

> 早上才是真正的黄金时间！调动所有的感官来迎接一天的开始吧！

03

每天早上3分钟，关注自己的人生愿景

> 你是想抱着敷衍了事、得过且过的态度度过今天这一天，还是想用这一天时间去努力实现自己的人生目标呢？每天早上的3分钟，是能改变你整个人生的时间。

若想找一段时间来独自一人静静地凝视自己，那么清爽平和的清晨就是最为合适的选择。

每个早上，有意识地确保自己的独处时间不受干扰，并把这段时间用来设计自己的人生吧。即使一天只能腾出3分钟的时间，坚持一年，我们就能拥有18个小时。对于这3分钟的使用方式，我建议大家将其定位为"手账时间"。现在先在手账的第一页上写下自己的梦想吧。

确定好自己的人生目标后，开始确认今天为实现这一目标一整天的具体日程安排。要注意，这里并不是让大家去确认自己的计划，而是确认具体的日程安排："在××点开会之前，需要先做完××""今天早点儿吃午饭比较好"等等，制订好一整日的行动计划后，接下来就开启我们奋斗的一天吧。

如何度过早上的独处时光

设计好人生之路,制订好一整天的行动计划。

每天3分钟 ×1年 = 每年18个小时

是否拥有独处时光,会让我们的人生产生很大的差别。

看看手账的第一页,铭记自己的人生目标。

制订一天的具体日程安排。

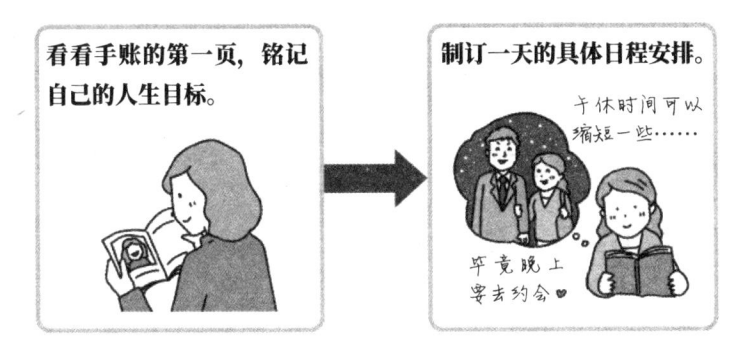

午休时间可以缩短一些……

毕竟晚上要去约会♡

每天早上花上3分钟的时间,好好设计自己的人生,为了实现目标去努力、去度过充实的一天吧。

04

让身体慢慢进入
活跃状态

早晨即将醒来的时候,随着身体的节奏慢慢睁开双眼吧。不用着急,一边和自己的身体进行对话,一边慢慢清醒过来吧。

早上醒来后愣神的状态,很容易被大家认为是一种萎靡不振的精神面貌。但早上的这种发呆其实是非常重要的。

醒来后,不要急于起身,先尝试着慢慢握紧手掌吧。掌心中有一个关联着心脏功能的穴位,叫作劳宫穴。轻握手掌3次,再稍微用力握掌3次,最后再用力紧握手掌3次。

完成后起身端坐10秒钟,对身体轻声说一句"今天也请多多关照啦"。

站起身,打开窗户,深深呼吸一口新鲜空气,向太阳问声好。做完这些后再去洗脸、刷牙。在洗手间洗漱的时候,别忘了顺便滴几滴眼药水。最后再检查一下自己的身体状况,称称体重,量量体温,最后简单做几下伸展运动。这样不仅可以确认自己的身体状况,还可以提高身体的灵活性。

如何度过早上的"精神重启"时间

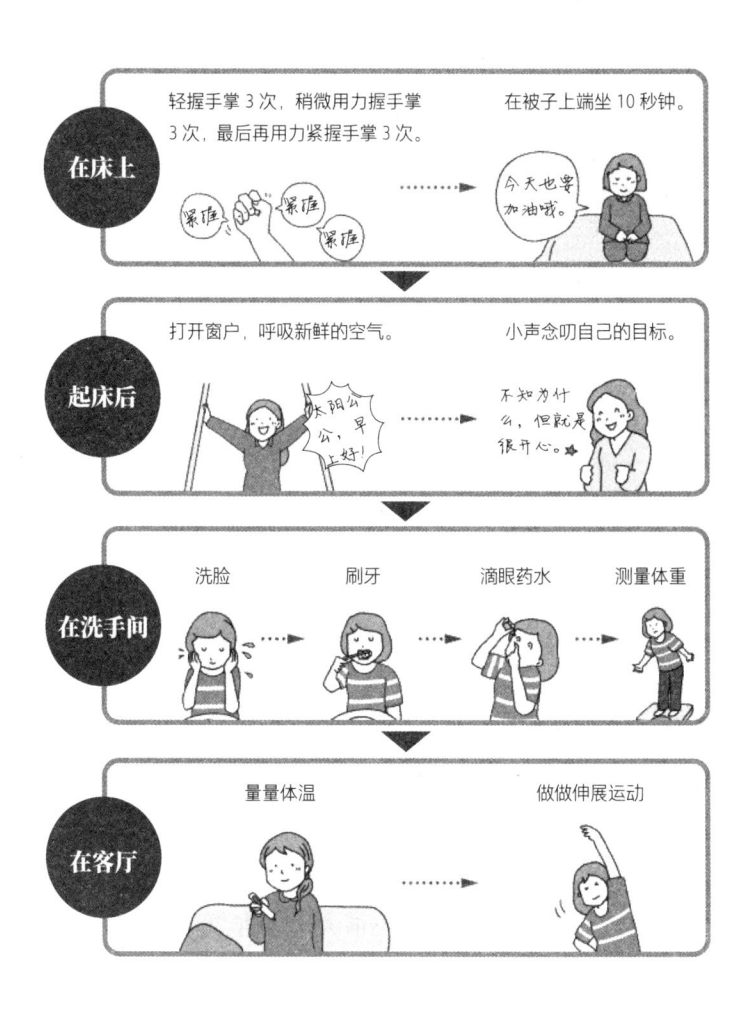

在床上
轻握手掌 3 次，稍微用力握手掌 3 次，最后再用力紧握手掌 3 次。
在被子上端坐 10 秒钟。

起床后
打开窗户，呼吸新鲜的空气。
小声念叨自己的目标。

在洗手间
洗脸 → 刷牙 → 滴眼药水 → 测量体重

在客厅
量量体温 → 做做伸展运动

> 为了能够愉快地度过一天，从早上开始好好保养自己的身体吧。

05

即使独居，出门前也要宣告"我出门啦"

> 出门时说一声"我出门啦"，在生活中有意识地营造一些小小的仪式感，有助于我们在起跑时取得一个非常不错的初始成绩。

　　小时候，以及在和其他家庭成员共同居住的时候，在早上出门之前，大家是不是都会和家人说一句"我出门啦"？长大成人步入社会，在开启独居的生活模式后，同一空间中除了自己再无他人，我们自然也就减少了将这句话说出口的机会。有些人甚至可能从早上起床开始到抵达公司为止都没有说过一句话。这样的话，我们完全无法有张有弛地度过眼下的每一天。

　　即使是独居生活，出门前也请大声宣告"我出门啦"，这样才能保证生活与工作以及"内"与"外"的张弛有度。

　　宣告出门后，自走出家门的那一刻起，我们就可以瞬时切换到有别于生活模式的工作商务模式。

　　宣告"我出门啦"的时候，最重要的是要大声且明确地说出来，情绪低沉地小声哼哼是完全没有意义的。

其实,"我出门啦"这句话中还蕴藏着一种更为深刻的含义——仿佛是在和自己做着一种约定——"我一定会回到这个重要的地方的",充满着一种笃定感。

此外,"我出门啦"作为一大早为自己加油打气的话语,也十分合适。

无论家人是否陪在自己身边,出门前先精神饱满地宣告"我出门啦"再踏出家门,这样我们才能以一个更好的起跑姿势开启全新一天的冲刺。

> 大声清晰地说出"我出门啦"。

06

多多仰望天空

> 物以类聚，人以群分，正能量满满的人会吸引更多正能量属性的人，负能量的人身边则往往聚集着众多负能量爆棚的人。多多散发一些正能量，为自己创造更好的机遇与缘分吧。

一边走路一边低头玩手机的"低头族"越来越多，现在已然成了一大社会问题。

走路不看眼前的路况，轻则容易撞到其他行人，重则会引发交通事故，危险性极大，大家千万要自觉抵制这种不良习惯。

而且，除了造成人身伤害外，低头走路还会错过不经意间的好缘分。这是因为"低头族"身上散发着一种容易让人退避三舍的负能量。

这个世界上的一切事物都存在着一种能量场，相似的东西之间会彼此吸引。所以，负能量的人身边往往聚集的也是负能量爆棚的人。

此外，心脏和身体的机能之间是相互联动的。想必大家很少见到有人一边愉快地蹦蹦跳跳，一边说别人的坏话吧？同理，当我们脸朝上仰望天空时，则很难产生消极的情绪。

早上出门时只需短暂地仰望天空，就能产生更为积极的情绪，从而让自己成为一个散发正能量的人。只要表现出自己的正能量属性，我们的身边就可以聚集更多优秀的伙伴，从而就能邂逅更好的缘分。

美好的缘分不会在我们毫无行动时突然而至，只有当我们主动散发积极的正能量的时候，缘分才会不期而至。

> 散发出积极的正能量，为自己吸引更多的好缘分吧。

07

享受身体接触

直接的身体接触可以提高催产素的分泌,这种激素是影响我们幸福感的主要激素,因此也被称为"爱的神经递质"。当我们接触到自己以外的生命时,大脑会自然地产生一种幸福的感觉,并且使我们充满活动,轻松地度过一整天。和家人进行身体接触时,拥抱的效果最佳。此外,击掌和碰拳也是不错的选项。

当然,我们身体接触的对象也可以不是人类,即使只是接触一些植物,也会产生相同的效果。

在公园里抱住一棵粗壮的大树,这种治愈效果也极佳。非常推荐大家都去试一试。

> 触碰自己之外的生命,充分感受生活的活力吧。

08

不必每天去了解最新时事

想问大家一个问题："你为什么会看新闻报道呢？是想在第一时间捕捉到世界上发生的大事小情后，立即采取行动去解决相应的问题吗？"

究其原因，其实是因为现代人很害怕空白的时间。害怕交谈中断时的尴尬，害怕失去新鲜感和刺激感后的寂寞——所以，人们为了寻求人声嘈杂、热闹喧嚣的"生活感"，会毫无缘由地打开电视。

但其实早上不看电视、不去了解最新的时事，也没有关系。我们既不会因为没有紧跟时事而吃亏，也不会因此受到同伴的排挤。

充分利用早上的时间去做些更有价值和意义的事情，为实现自己的梦想去努力吧。

> 享受清晨的静谧时光，是实现梦想的第一步！

PART 5

利用好清晨的长尾效应
并让优势持续一整天·内容集萃

- ☐ 迎着朝阳起床，打开窗户。……………… 066
- ☐ 一边沐浴，一边大声喊出自己的梦想。…… 068
- ☐ 抽出3分钟的时间好好凝视自己。………… 070
- ☐ 醒来时不要立马起身，先紧握手掌。……… 072
- ☐ 出门时对自己说一句："我出门啦。"……… 074
- ☐ 出门时，仰望天空。……………………… 076
- ☐ 触碰家人、植物等除自己以外的生命。…… 078
- ☐ 关掉电视和新闻网页，践行梦想。………… 079

PART 6

每天进步0.1%

每个清晨花上3分钟记录自己的成长

每一个清晨都是一个全新的美好开始,每一个清晨都意味着我们可以迈出前进的脚步。不管昨天怎么样,今天我们只做最好的自己!清晨时分是写日记的最佳时刻,每天花上3分钟的时间,用九宫格来记录自己每天的成长吧。

01

每天3分钟，书写实现梦想的晨间日记

> "很难坚持写日记。""每天都坚持写日记对我来说简直是一件不可能的事情。"即使是对于那些觉得坚持写日记非常困难的人来说，写晨间日记也是一种很容易坚持下来的习惯。不用花费过多的心思，像写备忘录一般记录自己的所思所想即可。

在一次问卷调查中，随机选出的300名大型企业的社长都说自己坚持着写日记的习惯。他们认为，写日记看似是一种简简单单的文字记录行为，实则具有能够为自己明确梦想的强大力量，也是自己面对众多员工阐述公司愿景、让梦想成为现实的必需品。

充分利用日记的强大力量，每天早上花些时间去写写晨间日记吧。早上短短的3分钟就能助我们实现梦想，这种微习惯也是我长年以来一直在向世人传播的进步方法之一。

无须花费大量时间，3分钟快速做下记录。就像早上起床后一定会去洗脸一样，让写晨间日记也成为我们每天的例行日程吧。

晨间日记的惊人效果

夜间日记	消极的日记。 	情绪化的日记。 	无法忘怀自身失败的日记。 	用疲惫的身体写下的日记。 
晨间日记	积极的日记。 	可以平衡事实与情感的日记。 	可以将失败当作跳板的日记。 	心情舒爽时写下的日记。 

夜间日记	日记内容容易集中于阴暗消极的一面。 	记录的内容中满篇都是悔恨（日记只是单纯的日报或是日志）。 
晨间日记	写日记有助于培养自己思考如何实现每日小目标的习惯。 	日记中写下的内容都是人生的战略性规划。 

> 晨间日记正是助力人生之船驶向成功的航海图。

02

早晨是写日记的最佳时机

> 正如上一节的内容所述,夜间日记很容易变成纯粹的反省和后悔。只有在全新一天的早晨,怀着最新鲜的心情所写下的日记,才能促进我们积极行动。

通常情况下,大多数人都是在晚上写日记,但其实新一天的早晨才是写日记的最佳时机。

当发生一些始料未及的事情时,当天晚上想必心情还十分烦乱。在这种时候写出的日记,非常容易变成反省、抱怨、烦躁等负面情绪的"荟萃集",从而也会对夜间的睡眠质量造成一定的不良影响。

而等到了早上醒来时,一夜的好眠会在很大程度上平复昨日的负面情绪。即使前一天发生了一些糟心事,我们也能积极地去面对亟待解决的问题。

烦恼的时候,才更应该早早起床,用清醒客观的心态将自己现在的处境和心情写进日记里。

早上愣神时其实是很容易产生想法的重要时机，利用这段时间迅速写下的内容往往都是非常好的问题解决之策——如果我们能够坚持写晨间日记，想必一定会经历这样的幸福体验。

另外，在晨间日记的格式上，要把今年的日记和去年同一天的日记放在同一页上，以便对照阅读。感到痛苦绝望的时候，读一读曾经的日记内容，很多时候我们会发现原来一年前的自己也在因为同样的事情而烦恼着。

把晨间日记调整为上述排版后，可以非常轻松且客观地了解自己的思维习惯和失败事例——这也是只有保持晨间日记习惯的人才知道的秘密。

> 早上写日记可以让我们客观地了解自己的思维习惯以及失败事例。

03

用写备忘录的感觉轻松填充九宫格矩阵日记

> 当人们看到空白栏时，往往会不由自主地产生一种"我想把这个空白栏填满"的心理。九宫格矩阵格式的晨间日记正是利用了这种心理现象。

我最推荐的晨间日记格式是3×3的九宫格矩阵。中间的单元格记录当天的基本数据。在剩下的8个单元格中，希望大家先设定好"工作""饮食与健康""金钱"这3个单元格，至于剩下的5个单元格中记录什么内容，大家可以自由决定。

晨间日记两天份为一套。正如下图所示，我们需要同时写好"昨天的日记"和"今天的日记"。在"昨天的日记"里，我们只需记录"昨天发生的事情"以及"昨天思考的事情"这两项。在"今天的日记"里，提前写出今天计划要做的事。比如，如果今天是某个人的生日，那么就写上"给××送一束花作为生日礼物"，这样我们自然而然地就能在这一天中落实这件事情。

晨间日记的每日框架

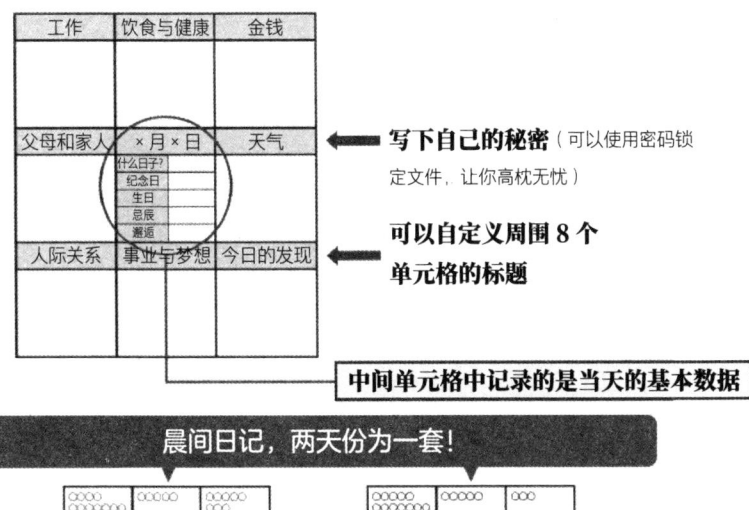

工作	饮食与健康	金钱
父母和家人	×月×日 什么日子? 纪念日 生日 忌辰 邂逅	天气
人际关系	事业与梦想	今日的发现

← **写下自己的秘密**（可以使用密码锁定文件，让你高枕无忧）

← **可以自定义周围 8 个单元格的标题**

中间单元格中记录的是当天的基本数据

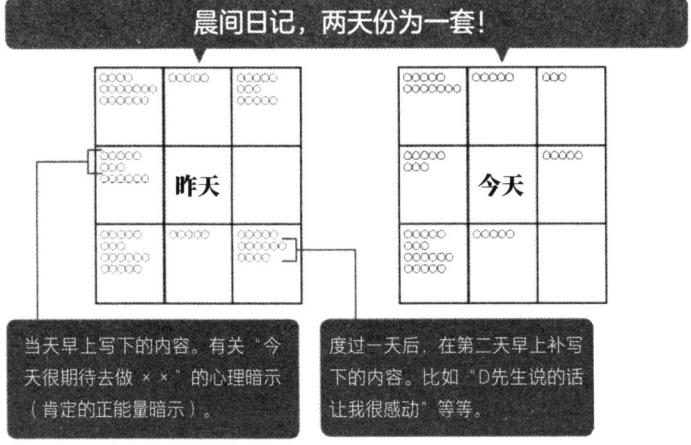

晨间日记，两天份为一套！

昨天 ｜ **今天**

当天早上写下的内容。有关"今天很期待去做××"的心理暗示（肯定的正能量暗示）。

度过一天后，在第二天早上补写下的内容。比如"D先生说的话让我很感动"等等。

没有必要填满所有 8 个单元格。切勿以完美为目标，这样我们就能把这个习惯好好坚持下去啦。

04

推荐用 Excel 来写晨间日记

灵活使用 Excel，轻轻松松制作出可以使用一生的日记模板。

写晨间日记的时候，我们可以使用市面上售卖的日记本或笔记本。但我本人更推荐使用 Excel 来自制日记模板，具体做法非常简单。

第一步，先圈出 11 行 ×3 列的单元格，并将其合并成一个大单元格。

第二步，按照第一步的做法，一共做出 9 个同样大小的单元格。

第三步，在最中间的大单元格中记录当天的基本数据，并在周围的 8 个大单元格中分别写入大标题（可以参照上一小节的示例）。

这样，我们就搭建好了 1 天份的晨间日记框架。只要做好了一天的九宫格矩阵日记模板后，剩下的就只是复制粘贴的步骤啦。

坚持写晨间日记多年后，整个日记就会演变为极为壮观的曼陀罗图案。把相同日期的日记摆放在一起，我们就可以轻松地回忆起去年今日对自己来说究竟是怎样的一天。

如何使用 Excel 搭建晨间日记框架

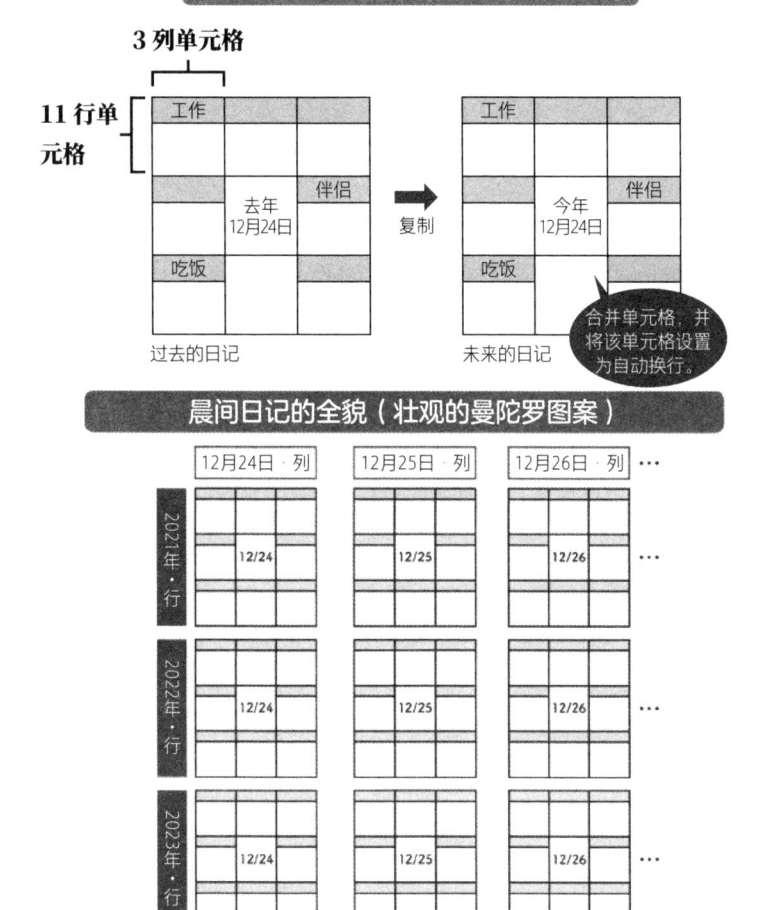

3 列单元格

11 行单元格

工作		
	去年 12月24日	伴侣
吃饭		

过去的日记

复制 →

工作		
	今年 12月24日	伴侣
吃饭		

未来的日记

合并单元格，并将该单元格设置为自动换行。

晨间日记的全貌（壮观的曼陀罗图案）

12月24日·列　12月25日·列　12月26日·列 ···

2021年·行　12/24　12/25　12/26 ···

2022年·行　12/24　12/25　12/26 ···

2023年·行　12/24　12/25　12/26 ···

把相同日期的日记摆放在一起，可以轻松地回忆起去年今日对自己来说究竟是怎样的一天，非常方便。

05

复制粘贴邮件、照片和视频

使用Excel来写晨间日记的一大优点在于，我们可以非常方便地将收到的邮件、照片、视频等内容复制粘贴到当天的日记中，包括从他人处收到的喜讯，如此一来，每一天都可以是自己的特别纪念日。

以我自身为例，我会把编辑老师发来的"恭喜，您所著的图书已经决定出版啦"的通知邮件和我的著作的封面图片等收录到日记中，并把当天作为纪念日。

晨间日记既是我们自己的人生数据库，也是我们生存于世的最好证明，强烈推荐大家将写晨间日记的这个习惯坚持下去。

> 让我们的晨间日记成为每一次回顾都会让自己欣喜不已的日记吧！

06

只需填充能写的单元格

使用Excel写晨间日记时,完全没有必要强行填满所有的单元格。但是请注意,开始记录一天的内容时,首先,请写上当天的天气。今天是什么天气——这个信息,我们几乎无须思考就可以写出来,所以可以算是写日记前的一个小热身。

热身运动非常重要!

接下来,写下昨天发生的事情以及自己的情绪。只需要填好自己能填的单元格就可以了。

然后,开始写"今天的日记"。

最后,快速浏览一下去年、前年的"今天的日记",确认往年的今日究竟发生了什么之后,开始写今天的"未来日记"。

完成以上所有工序大约需要3分钟的时间。此外,如果时间允许,我们可以适当增加一下自己所写的内容量。

> 即使还有单元格没有填充任何内容也没有关系,以3分钟写完日记为目标,每天坚持下去吧!

PART 6

每个清晨花上 3 分钟
记录自己的成长·内容集萃

- ☐ 每天早上 3 分钟，写写晨间日记。 ············ 082
- ☐ 利用早上的时间来思考解决问题的办法。 ······· 084
- ☐ 用九宫格矩阵的格式来写晨间日记。 ·········· 086
- ☐ 用 Excel 搭建晨间日记框架。 ··············· 088
- ☐ 将自己收到的喜讯粘贴到日记中。 ············ 090
- ☐ 写晨间日记时，先写下当天的天气。 ·········· 091

PART 7

每天进步0.1%

充分利用夜晚的时光来治愈自己

马不停蹄地工作,忙忙碌碌地生活,度过充实的一整天后,我们的身体和心灵都会产生倦怠感。归根结底,世界上最能治愈我们的只有我们自己。回到温暖的港湾后,好好享受温柔的夜晚时光吧,这也是对自己一天辛劳的最佳奖赏。

01

有意识地切换自己的时间频道

> 每当晨光初照，我们便开启了一天的"他人时间"模式；到了夜半时分，我们终于获得了可以切换到"自我时间"模式的机会。随着时间流逝，有意识地切换自己的时间频道，帮助自己获得最优质的安稳睡眠吧。

众所周知，人类是社会性动物。白天，我们出门工作，外出采购，养育子女，过着一种"社会生活"。在白天这段时间中，我们无时无刻不在与他人进行沟通交流，无法切断与他人的联系，生活在所谓的"他人时间"之中。

无论我们的性格外向与否，在与他人的交往过程中，必定都会产生一定程度的紧张感，感受到一定程度的压力。白天，我们无法避免与他人产生联系，但到了晚上，请一定重新找回自我吧，保持这种时间和心态上的平衡才是生活的重中之重。

那么，如何才能有意义地、有价值地度过夜晚这段"自我时间"呢？最好的办法就是，让自己对回家这件事产生迫不及待的感觉，一刻都不想在外停留，恨不得能够光速抵达温暖的港湾。如此一来，我们就再也不会懒洋洋地东遛遛、西逛逛后才慢吞吞地绕道回家，也不会再在归途中虚度任何光阴。

夜晚时刻充实度过"自我时间"的诀窍

❶ 收拾房间

诀窍在于保持床面的整洁，让自己居家期间保持神清气爽。

❷ 打造舒适的空间

想象一下，如果自己是电影主角，那么自己在心情松弛、倍感惬意之时是幅怎样的画面呢？依照自己脑海中勾勒的场景，去打造让自己感到心安的空间吧。

❸ 将室内灯光调整为橙色的暖色光

当副交感神经发挥作用时，我们才能越来越放松。

❹ 把白天所穿的衣服全部换下来

回到家后，首先脱下束缚了自己一整天的衣物，换上舒适的家居服，这样有助于我们摆脱一身的疲惫，让身心得到真正的放松。

❺ 晚上 8 点后不要摄入碳水化合物

尽量少吃不易消化的碳水化合物，为第二天早上的"最佳醒来瞬间"做好充分的准备。

❻ 拥有一张独属于自己的桌子

回家并不等于"回去睡觉"。如果回家后的活动只剩休息一事，那属实遗憾。为了确保自己能有足够的空间来进行"智力活动"，为自己准备一张桌子吧——无论大小。

> 每到夜晚，不要忘记切换到"自我时间"模式。缓解白天的所有疲劳，让自己享受最舒适的睡眠时光吧。

02

讲究治愈效果，全身心地投入自我治愈中去

结束一天的忙碌后，我们终于能迎来独属于自己的放松时间了，这也正是我们每天都能继续努力的动力之一。但是，所有的休闲时间——哪怕仅是片刻的喘息时间，都必须由我们自己来创造。

为了充分享受并充实度过"自我时间"，长舒一口气绝对是必要之举。能够情不自禁地说出"啊，太治愈啦"的治愈时间，其实也需要我们自己有意识地去创造。例如，有很多人为了节省时间，只靠简单的淋浴来解决洗澡的需求，但冲澡和泡澡的治愈效果简直天差地别。在温热的浴池中舒展身体，洗去一日的疲惫，真的是生活中的一大享受。

我最推荐的泡澡方式是——关闭所有灯具，在漆黑一片中点燃几盏烛光，然后享受静谧的洗浴时光。不必太过频繁，每周1次便已足够。如果你觉得这样的"表演"十分荒唐与羞愧，那么我敢断言，你几乎失去了一半的人生乐趣。一旦你跨出了第一步，尝试了第一次，你的人生也会迎来翻天覆地的改变。

夜间的最佳治愈方式

伸伸懒腰，做做引体向上，好好缓解背部的酸痛与疲惫。

享受半身浴时光，让身体慢慢温热起来。

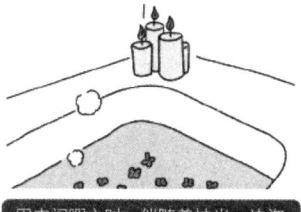

周末闲暇之时，伴随着烛光一边泡澡一边冥想。

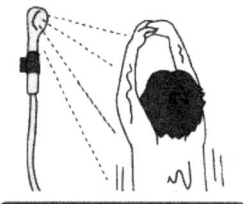

淋浴时做做伸展运动，充分放松身体。

闻闻薰衣草的香味。

欣赏美丽的画面。

> 做自己生活的导演，为自己好好规划一下放松的时间吧。

03

掌握高效的安眠技巧，获得最佳睡眠

打造自己原创的入睡仪式，解决无法安眠的小烦恼。掌握高效的安眠技巧，让自己每天都能睡个好觉吧！

比起其他发达国家人的平均睡眠时间，日本人的平均睡眠时间约短1个小时，这也是导致日本生产率降低、疾病多发的直接因素之一。虽然看似是老生常谈的话题，但好好睡觉真的非常关键。所谓入睡仪式，其实就是人们的日常睡眠习惯——决定好"睡前的必做之事"，并确保每日执行。

如果能每日坚持执行入睡仪式，我们的大脑就会形成一种条件反射，"做完这件事情，我就会犯困"，身体也会产生一种惯性。"仪式"这个词，可能会让整件事情听起来有些夸张，但其实一些平常的小事也完全可以成为一种仪式。

调节睡眠环境的诀窍在于，根据感官（视觉、听觉、嗅觉、味觉、触觉）的不同特点，分别采取不同的安眠对策。让我们在享受改变的乐趣的同时，一点一点地改善卧室的睡眠环境吧。

入睡仪式和睡眠环境

举行入睡仪式

- 触摸观叶植物的叶子,同时进行冥想。
- 整理桌面。 
- 欣赏自己梦想成真的情景的参考照片。 
- 感谢自己今天遇到的所有人。 
- 对自己说声"晚安"。 
- 对身体不舒服的部位表示关切。 

调整睡眠环境,做好入睡准备

- 好好利用加湿器和除湿器,让室内空气湿度保持 50% 的完美状态。
- 使用触感绝佳的床上用品。 
- 给走廊安上脚灯。 
- 在卧室四角放置盐和木炭。 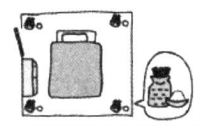
- 播放治愈系音乐。 
- 睡前遮蔽所有的光线,哪怕只是细微的漏光。 

> 掌握高效的安眠技巧并坚持执行,美好明天终将不期而至!

04

在第二天来临之前入睡

为了迎接第二天最美好的醒来时刻,必须保证前一天的睡眠时间。

如果早上醒来痛苦万分,甚至连睁开双眼都百般不情愿,那肯定无法愉快地开启美好的一天。

相反,如果用心情愉悦的醒来时刻来开启新的一天,那这一天肯定可以成为相当美好的一天。

最美好的醒来,是感到饥饿后的自然醒。为了实现这种状态下的自然醒来,前一天临睡前必须保证自己不再进食,这一点非常重要。

如果深夜进食,血液会集中到肠胃等消化系统,导致本该流向大脑的血液供应不足,从而使大脑出现缺氧状态。

其实很多人吃饭时间越来越晚的原因都是共通的,那便是没完没了地熬夜。

只要意识到自己必须"在第二天来临之前入睡",就可以很好地避免深夜进食这一不良习惯。

夜间22点至24点被称为睡眠的黄金时间。在这期间，细胞可以得到很好的修复，而且还会分泌很多有助于缓解疲劳的激素，从而促进人体的新陈代谢。

晚上22点入睡、早晨5点起床，或是晚上2点入睡，早上9点起床，这两种睡眠模式看似睡眠时间完全相同，但睡眠质量可谓天差地别。

因此，最理想的睡眠习惯就是夜间22点就寝。然而，日常生活中难免会出现一些计划不能如愿进行的情况，比如突如其来的加班、令人措手不及的生活小插曲，等等，都可能让自己错过最佳的入眠时间。但即使工作再繁忙，也要保证自己能在23点59分之前上床睡觉，这样第二天醒来时的精气神儿将出乎你的意料。

请千万记住这句神秘暗号哦——"今天入睡，明天起床。"

> 即使事务再繁忙，也要保证自己最晚在当天23点59分前上床睡觉。

05

入睡前回忆一些快乐的时光

> 入睡前,如果脑海中满是消极的情绪,很容易在潜意识中留下相关的负面记忆,希望大家一定要尽力避免。

无论是度过了完美的一天,轻松愉悦、心情舒畅,还是经历了有史以来最糟糕的一天,烦恼缠身、焦头烂额,这一天都将以上床睡觉画上句号。

在入睡前迷迷糊糊的状态下,脑海中所呈现的画面会保留在潜意识之中。

回想自己人生中最美好的一天,以积极的心情入睡吧。

如果回想起消极的经历和情绪,认定自己是度过了人生中最糟糕的一天,那么这些糟糕的印象就会原封不动地记录在我们的潜意识之中。

如果只是一天状态欠佳，对生活可能不会产生什么太大的影响。但倘若这种负面情绪日积月累下来，我们的人生之船很可能就此驶向异常颠簸的旅程。

为了不积累这种消极记忆，在入睡前的片刻中，尽力去回忆一些快乐的时光吧。

仅是乐呵呵嘴角微扬的回忆，也全然没有问题。

在初期尝试阶段，大家可能会感到有些困难，明明自己经历了痛苦难挨的一天，却要在入睡前想想快乐的回忆……但慢慢习惯后，入睡也许就会成为一种乐趣，成为我们每天最期待的事情。

等到第二天醒来，入睡前的快乐记忆会再次映照进现实，并会在不经意间给我们带来一份惊喜。

> 入睡前停留在脑海中的快乐记忆，会在未来的生活中逐渐映照进现实之中。

06

不要认为第二天醒来是理所当然之事

> 今晚入睡后,在明天太阳升起之时,我们照常会醒来——其实谁都不能保证这件事情一定会如愿发生。那就换种思考方式吧——第二天我们迎来的不是昨日人生的延续,而是全新的人生。

知道"感谢"的反义词是什么吗?想必这一瞬间大家脑海中蹦出的不外乎"不感谢"。可是,世界上并不存在"不感谢"这种词汇。

"感谢"的反义词其实是"理所当然"。

你是不是觉得今夜入睡后、明早照常醒来是"理所当然"的事情呢?

但没有任何一个人能保证自己今日入睡后,第二天一定依旧能够醒来,继续过着自己的生活。

对每天早上的醒来,对每天能够继续生活,心存感激吧。

年纪尚轻的时候,我们可能并不会思考这种过于深奥的哲学问题。但到了而立之年,或者过了35岁后,还未意识到这份感恩的话,那么人生尽头中将不知道会有何种坏事在等待着我们。

要想每天早上醒来时都能心怀感恩,我们需要意识到"睡着和死亡并无不同"。

虽然准确来说,睡觉期间我们的意识并未完全消失,但也和白天正常的生活工作状态有着很大的不同——没有活跃的意识。

要想充实地度过人生中的每一天,必须每天都对生命和生活心怀感恩。不要再浑浑噩噩、漫无目的地活着。每到夜晚,我们都会迎来一次死亡,第二天醒来后的我们,并不是昨日生命的延续,而是获得了崭新的生命。

只有充实地度过每一天,最终才会拥有充实的人生。

> 每当夜幕降临就想象自己即将经历一次死亡。如果第二天醒来后,还能拥抱太阳,就请对自己还活着这件事情心怀感激吧!这样才能无愧于人生中的每一天。

07

床边常放一本便签

入睡前躺在床上思考事情的时候,想必大家都会出现下述这种情况吧。例如,突然想到"啊,明天我必须去完成那件事情",心里开始惦念不下,就怕第二天醒来时给忘了。或者是,不由自主地出声感叹道"哎呀",脑袋中灵光一现,想出了处理某件事情的绝佳对策。如此一来,脑海中思虑不断,很容易导致自己迟迟无法入睡。

推荐给大家一个能帮我们解决这类问题的神器——便签本。在枕边常放一本便签,无论脑海中浮现出了哪种顾虑或想法,都将其快速地一一记录在便签本上。

一想到自己的想法都被记录下来了,即使经过一夜好眠后也不会忘记,那就可以安心入睡了。这样想来,枕边的这本便签可谓一种可靠的精神镇静剂。

> 入睡前,先把大脑中的所有缓存都清空吧!

08

使用随身物品清单，让生活有备无患

为了能让生活有备无患，推荐大家提前做好基本的随身物品的检查清单。将第二天出门时需要特别携带的东西记在手账上，以防急匆匆出门不小心遗漏。

最重要的是，要在前一天晚上做好相关的检查。

如果睡前一直想着"明天早上醒来之后，一定要确认一下随身携带的物品"，则会给我们的入睡带来些许压力。这些压力看似微不足道，其实非常有碍于夜间的安眠。

把随身物品清单确认好后，出声对自己说一句"好的，这样就没问题了！""完美，明天出门就能万无一失了！"感到心安后，便可以毫无负担地入睡享受美梦了。

> 在出门的前一天准备好所有的随身物品，便能在入睡前消除所有的压力。

PART 7

充分利用夜晚的时光来
治愈自己·内容集萃

- ☐ 夜间切换至"自我时间"模式。 · · · · · · · · · · · · · · · 094
- ☐ 伴随烛光入浴。 · 096
- ☐ 针对不同感官分别采取不同的安眠对策。 · · · · · · · 098
- ☐ 睡前避免进食。 · 100
- ☐ 睡前保持微笑。 · 102
- ☐ 对每天早上能够醒来和继续生活心存感激。 · · · · · · 104
- ☐ 记录睡前的灵光一现。 · · · · · · · · · · · · · · · · · · · 106
- ☐ 检查第二天的必备物品。 · · · · · · · · · · · · · · · · · · 107

PART 8

每天进步0.1%

让正向思考影响我们的行为

如何理解事物？如何看待问题？——我们的思考会直接影响我们的行为。学习并掌握有助于我们享受人生的思考方式吧。

01

人生是一场
愉快的实验

在实验中,我们可以把失败和麻烦都当作最重要的尝试过程来享受。人生不过是一场宏大的实验,在充满未知且一切皆有可能的人生中,我们可以自由地尝试任何东西。

镰仓时代有一位僧侣,名为一遍上人。他奉行以"踊念佛"的方法来传播教义。踊念佛,就是一边快乐地跳舞一边念佛,这在当时十分有名。一遍上人认为,人生并非"修行",而是"游行",因此他也被称为游行上人。

如果你认为人生是一段艰苦卓绝的修行之旅,那么你的真实人生也会变成这般模样——一边咬紧牙关忍受痛苦,一边一步步向前挪进。

但如果你坚信人生不过是一场游戏,那么,无论发生什么大事小情,无论处于何种境遇,抑或遭遇怎样的失败,你都会将其理解为"哦,原来如此,这次是遇到了这样的事情啊"——即使内心波涛汹涌,脸上也依然波澜不惊。

换句话说,这种心境下的你便如同电影主角一般,眼下所体验的人生不过是一场"游戏"，你可以尽情观看、感受、品味人生中的一切。

当生命即将走向终点时，很多人都会有"当初我要是做了那件事就好了"的想法，从而后悔不迭。但很少有人会有"如果我当初没做那件事就好了"的想法，也很少会因为"做了那件事"而感到懊悔。

为了不让人生以后悔为尾声，把人生看成一场实验，把整个世界当成一处实验基地吧。

人生在世短短几十年，凡事不去尝试一下，岂不是太过可惜了吗？我们的人生我们自己做主，我们完全可以大胆尝试任何东西。

一遍上人的云游修行

> 什么都不去尝试一下的人生简直太过浪费！让我们尽情享受自己的人生吧！

02

将行事标准定义为"快乐"

什么是正确？其实它的定义非常模糊，而且其内涵也在随着时代的变迁而发生着变化。在行事时，切勿被"正确"牵着鼻子走，不如将行事标准定义为"快乐"吧。

接下来，要做什么呢？

思考这件事情的时候，你是怎么做的呢？

如果你认为"这件事应该这么做""那件事必须那么办"，那你的行事标准便是"某件事是正确的"。

但其实所谓的正确，不仅是危险的、表层的，而且是善变的。如果所有行动都被这些模糊的标准牵制，那么你就会变得焦躁不安。

为了能够轻松愉悦地享受整个人生，不如将人生观从"做正确的自己"转变为"做快乐的自己"吧。

以快乐为基准进行选择吧，比如"我想做这件事情""我想为你做那件事情""请让我做这件事情"，如此一来，我们的人生也会发生翻天覆地的变化。在快乐享受人生的道路上，幸福和成功都在等待着与我们相遇。

生活，与其基于"正确"，不如基于"快乐"

应该做……	必须做……
我们应该这么做。	我们必须这样做！ 我们必须那样做！

⬇

想做……	想为别人做……	请让我做……
我想做这件事情。	我想为你做那件事情。	请让我做这件事情吧。

> 如果万事都把正确性放在首位，那么人生就几乎再也无法去做任何自己想做的事情了。

PART 8 每天进步0.1%：让正向思考影响我们的行为

03

遵循理想的生活方式来生活

> 在现实生活中，大多数人都不会考虑"我想要怎样"，觉得那是一种不成熟的任性。但只有明确了自己想要的"理想的生活方式"，才能看清自己"应该做的事情"到底是什么。

接下来，我会为大家介绍一下我经常在演讲会上做的超人气实验，如果可以，希望大家都亲自来尝试一下。

第一步，在九宫格的中心格子处写上自己想要的东西，然后在周围的8个格子中一一写满自己的愿望。

第二步，按照上述规则，再次写出自己想做的事情。

第三步，同样按照上述规则，写出想成为怎样的自己。

在进行这三个步骤时，大多数人都会在第三步陷入焦虑、冥思苦想或百般挣扎。明明自己对自己想要的东西（Have）以及自己想做的事情（Do）了如指掌，却对自己理想的生活方式（Be）毫无头绪。实际上，这三者之中最重要的就是Be。如果你头脑中的Be的画面非常清晰，那便代表着你拥有明确的愿景，Do和Have也会变得更加明了。

首先从"Be"开始思考吧

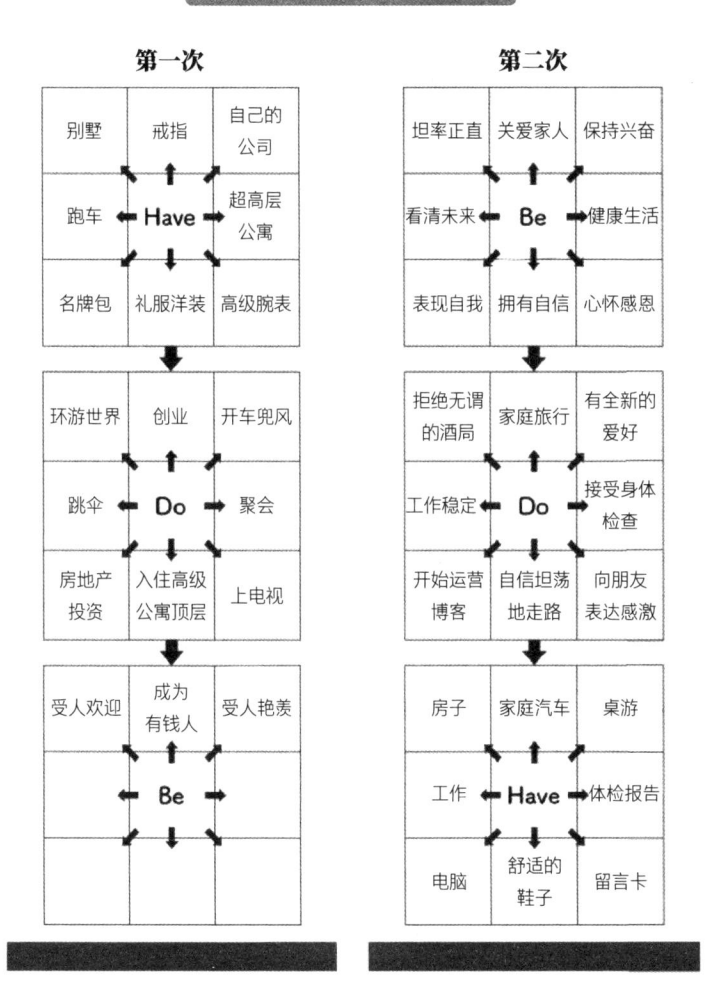

第一次

别墅	戒指	自己的公司
跑车	Have	超高层公寓
名牌包	礼服洋装	高级腕表

环游世界	创业	开车兜风
跳伞	Do	聚会
房地产投资	入住高级公寓顶层	上电视

受人欢迎	成为有钱人	受人艳羡
	Be	

第二次

坦率正直	关爱家人	保持兴奋
看清未来	Be	健康生活
表现自我	拥有自信	心怀感恩

拒绝无谓的酒局	家庭旅行	有全新的爱好
工作稳定	Do	接受身体检查
开始运营博客	自信坦荡地走路	向朋友表达感激

房子	家庭汽车	桌游
工作	Have	体检报告
电脑	舒适的鞋子	留言卡

> 按照"Be(生活方式)"→"Do(做法)"→"Have(拥有物)"的顺序来整理一下自己的人生头绪吧。

04

摒弃"没时间了"的口头禅

> 如果总是不自觉地说出"没时间了",在这句口头禅的负面影响下,现实生活中的时间真的会变得越来越不够用。

不知道大家有没有不自觉地将"没时间了"这句话挂在嘴边。

经常说出这句口头禅的话,会逐渐导致工作中时间的短缺,甚至会让自己变得烦躁不安。

推荐给大家两种可以解决这种情况的好办法。

第一,大声告诉自己——"我还有时间!"

"我还有时间",这句话最重要的是能给自己带来勇气。这种勇气可以改变我们之后的处事方法。不慌张、不匆忙,冷静地处理每一个遇到的问题,这样便能稳扎稳打地完成每一项工作。

第二,花时间进行时间管理。

虽然安排时间被称为时间管理,但事实上,无法对时间进行管理。我们能管理的并不是时间,而是工作本身。

前期在工作安排上花点时间,切实地做好准备与计划,有利于我们灵活调整工作的时间和任务量。从最终结果来看,这往往会创造出意料之外的全新时间。

> 通过时间管理来管理工作,而不是管理所谓的时间。

05

把时间花在不紧急但重要的事情上

工作繁忙的人决定行动的标准往往是事情的紧急程度。在这种情况下,其实还存在着一种问题,那就是我们很容易忽略掉不紧急但重要的事情。

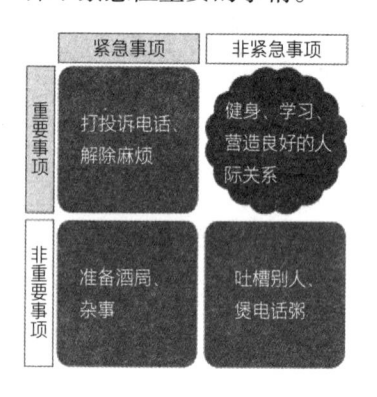

	紧急事项	非紧急事项
重要事项	打投诉电话、解除麻烦	健身、学习、营造良好的人际关系
非重要事项	准备酒局、杂事	吐槽别人、煲电话粥

但这种"不紧急但重要的事情"才是获得幸福和成功的关键所在。

建议大家采用优先级矩阵的格式对自己的待办事项进行梳理。从"重要度决定我们该做什么、不该做什么"的观点出发,重新审视自己的工作和生活吧。如此一来,你的人生也会迎来崭新的阶段。

> 把时间花在更有价值的事情上。

06

珍视直觉，迷茫时可以选择放弃

当我们感到害怕的时候，身体往往会先于意识做出反应。但问题是，在我们感到迷茫的时候，又该怎么办呢？

"我有一个很能赚钱的渠道哦。"

"我想给你介绍一个人认识。"

在生活中，我们会经历很多诸如此类的时刻。对方抛出的可能是橄榄枝，也可能是陷阱。在这种情况下，我的建议是"如果感觉很犹豫，那不如果断放弃吧"。但对于我们来说，放弃往往是个相当困难的选择。人一旦进入迷茫的怪圈，很容易会横冲直撞，直至头破血流，最终走向惨败。

犹豫不决的时候，不要当场做决定。先好好睡一觉，明天再来考虑也不迟。

这样一想，迄今为止所有的烦恼其实都未免有些荒唐，人生的简单程度远远超乎我们的想象。

> 现在感到忐忑不安？抑或感到郁郁不快？当场做判断时，一定要好好珍视这种直觉。

07

将梦想转换为愿景

畅想未来、思考自己的梦想是什么，是一件令人非常愉快的事情，因为这个问题关乎我们自己，是在为了自己而考虑将来的事情。但人又是一种不可思议的生物，如果单纯是为了自己去做些什么，又很难从心底感到幸福，很难被自己感动。

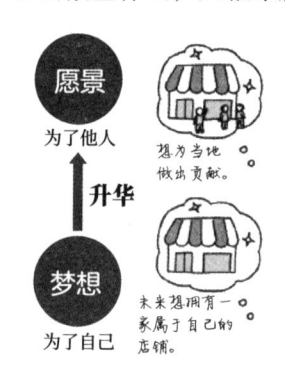

愿景
为了他人

想为当地
做出贡献。

↑ 升华

梦想
为了自己

未来想拥有一
家属于自己的
店铺。

"我想要成为咖啡馆老板"——这是个人梦想。但如果换种说法，"我想要创造一个能让当地人自由交流、互相鼓舞、重获勇气的聚会场所"，这便成了愿景（志向）。

不要把个人梦想当成人生的终点——这一点非常重要。为了自己，站上起跑线，为了他人，最终抵达终点——这才是能够让自己和他人都收获幸福与成功的终极之路。

> 把"为了自己"的梦想升华为"为了他人"的"愿景"吧。

08

尝试描绘人生的曲线

孩童时期的受人欺凌、青年时期的失恋与背叛——如果你无法忘却这些痛苦的回忆，那么以时间为横轴，以满意度为纵轴，尝试描绘一条自己的人生曲线吧。

于是，你就会发现，与幸福时刻相比，糟糕透顶的低谷时期才是人生的转折点。虽然在经历痛苦的时候心中充满了愤怒和悲伤，但如果脱离当下，以人生曲线这个庞大视角来回顾自己的人生，那么所有悲痛的经历都会变成具有积极意义的人生转折点。

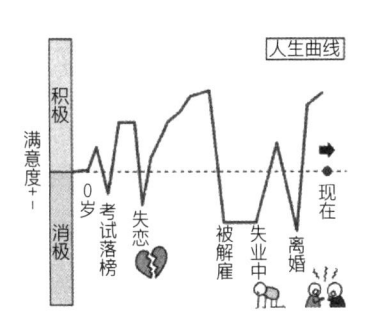

> 让我们转换下自己的惯有思维吧。其实凡事都有其意义，凡是经历都必定有其用处。

09

临近自家门口前 3 米处开始小跳几步

当我们结束一天的工作、踏上回家的路时，通常都处于身心疲惫的倦怠状态。

如果将一身疲惫带回家中，本应是提神醒脑、舒缓身心的温馨房间就成了积聚疲劳的场所。

为了不把一天的风尘仆仆带回家中，我们应该在跨进家门前转换下心情。在临近自家门口前的3米处开始小跳几步吧。身体跳跃起来，心情自然也会随之高涨。千万不要忽略身体和心灵之间的紧密关联。即使是独居生活，踏进家门时也别忘了和自己说一声"我回来了"。保持明快的心情，房间才能变成治愈自己的私人空间。

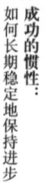

> 愉快地行动，心情也会变得愉快！

10

乔迁新居，改变心情

跌入低谷，极度失落，萎靡不振，一度无法再次振作起来——想必大家都经历过这样的时期吧。在无能为力、无法改变什么的时候，可以选择果断地逃离当下所在的地方，要知道，逃避并不可耻。

若想改变人生的走向，改变场所是一种非常有效的战略。具体的做法就是——搬家。

搬家后，自己所处的房间自不必说，周边的超市、图书馆等自己会到访的地方都会随之改变，心情当然也会焕然一新。

所以综合来看，搬家真的是一种行之有效的心灵重塑策略，大家不妨一试。

> 如果失落沮丧到无法振作，不如换个地方吧，这样就能收获全新的心情。

PART 8

让正向思考影响我们的行为·内容集萃

- ☐ 认为"人生就是一场实验"。‥‥‥‥‥110
- ☐ 以"快乐"为标准进行选择。‥‥‥‥‥112
- ☐ 从自己理想的生活方式出发进行思考。‥‥114
- ☐ 花时间进行时间管理。‥‥‥‥‥‥‥116
- ☐ 根据事情的重要程度而非紧急程度来决定自己的行动。‥118
- ☐ 犹豫不决的时候,不如第二天再考虑。‥‥119
- ☐ 为自己的幸福也为他人的幸福着想。‥‥‥120
- ☐ 事情再痛苦,也要去积极地理解。‥‥‥‥121
- ☐ 即使是独居生活,也要大声说出"我回来了"。‥122
- ☐ 萎靡不振的时候,不如搬个家吧。‥‥‥‥123

PART 9

每天进步0.1%

把工作时的心态调整到最佳状态

一天中，花费时间最久的事情便是工作，工作也是最容易给大家带来压力的存在。但工作中也不乏一些能够磨炼自己、提升自己、帮助自己晋升到下一阶段的挑战。调整心态，让工作不再是简单的作业，将工作升华为能够引导自己走向成功的"使命"吧。届时，成功将触手可及。

01

把工作变成使命

作为一名社会人,一天中的绝大部分时间我们都在埋头工作。如何度过工作时间正是决定人生的关键所在。

除了日常的进食和休息,一天中的大部分时间都被我们用在了工作上。这样来看,在工作中收获幸福与成功,正是在人生中收获幸福与成功的不二捷径。

所谓工作,实际上可以分为三类。

一类是"私事",也就是自己喜欢的事情、作为乐趣想去做的事情。

另一类是"工作",也就是为了别人而做、会得到报酬的事情。

还有一类是"使命",即将自己想做的事情上升为了造福他人、奉献自己而去做的事情。

"工作"能够得到薪资报酬,是因为自己做的事情能够对别人起到一定的作用。但如果这份工作是你讨厌的事情,那在处理这些业务的时候往往会倍感压力,这也会导致自己无法长久地从事这份职业。

三类"工作"

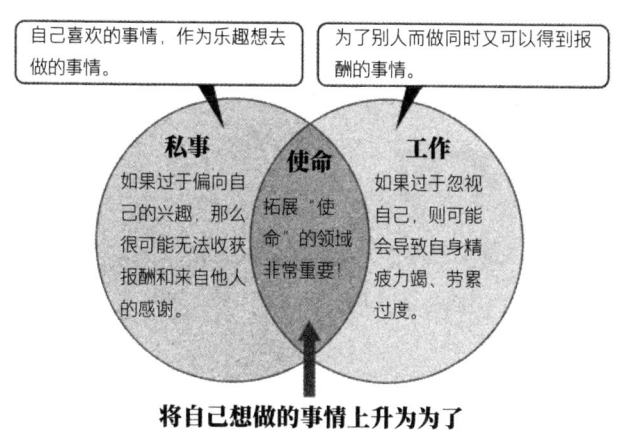

- 自己喜欢的事情，作为乐趣想去做的事情。
- 为了别人而做同时又可以得到报酬的事情。

私事：如果过于偏向自己的兴趣，那么很可能无法收获报酬和来自他人的感谢。

使命：拓展"使命"的领域非常重要！

工作：如果过于忽视自己，则可能会导致自身精疲力竭、劳累过度。

将自己想做的事情上升为为了造福他人而去做的事情！

除此以外，那些对他人没有帮助、不会给自己带来报酬的事情，可以被划分为"私事"。处理"私事"时心情虽是愉悦的，但若仅是如此，最终也会让人厌倦。究其原因，不外乎人们普遍的心理特性——人会从帮助他人这件事情上感受到生活与工作的价值。

也就是说，如果生活只被"私事"和"工作"填满，那么整个人生都会变得空虚起来，甚至整个人都会变得疲惫不堪、陷入困境、日渐颓废。

想要保持积极进取、拼搏不息、奋斗不止的生活态度，找到三种"工作"的平衡之道至关重要。

> 让自己享受的工作也能对别人有帮助吧！

02

盲目自信
也未尝不可

若想要增加与"私事"和"工作"相交重叠的"使命",首先要拥有绝对的自信。

理想的工作是与"私事"和"工作"相交重叠、密不可分的"使命",即将自己想做的事情提升一个境界,转换为为了奉献自己、造福他人而去做的事情。

全部的工作都是自己的"使命",这并不现实。无须一蹴而就,只需要在处理"私事"和"工作"的同时,逐渐增加"使命"的比例就可以了。

归根结底,我们最想做的工作,其实就是让他人笑容满面。

即使一开始只是出于私心,只是为了自己,但只要能以"为了他人"为终点,最终就能走向幸福与成功,这也是我想跟大家分享的一大秘诀。

能不断增加个人使命的人,与无法增加个人使命的人之

给潜意识注入自信

间,究竟有怎样的不同之处呢?答案很简单——是否拥有"我绝对可以"的自我认知。这种自信无须任何依据,只要我们自己觉得自己可以就足够了。

如果截至现在你对自己还没有一点儿自信,那就先尝试大声说出"我正在做……"吧。

哪怕只是自己的白日梦,只是自己的一种幻想,只要说出来,潜意识就会将其当作现实,最终真的会将其变为现实——这也是人类大脑的工作机制。

> 试着大声说出"我能做到""我正在做……",让空想变为现实吧。

03

不要因为与他人不同而感到烦恼

之所以每个人都具有不同的个性，是因为每个人的大脑类型都各不相同。我们完全没有必要因为与他人不同而感到烦恼。

在工作场合中，你有没有抑制不住地想要去指责别人性格的时候呢？其实，造成这种现象的根源并非对方的性格真的有多大问题，而是由于人与人之间大脑类型的不同而导致自己和其他人之间产生了分歧与误解。

现在让我们来测试一下自己的大脑类型吧。心理学博士坂野登曾说过，放松状态下，双手交叉代表着我们的大脑属于信息输入的类型，交叉抱臂代表着我们的大脑属于信息输出的类型。如果是左侧在上，那便是"感性型右脑"占据优势；如果是右侧在上，那便是"理性型左脑"占据优势。

仅仅从这两种组合来看，人的大脑就可以归为4种类型，所以，可想而知，人类大脑究竟会有多么大的不同。意识到这一点，想必我们就可以更容易地去接受彼此意见的不同。

你的大脑属于什么类型

大脑类型	双手交叉的方式（输入）	交叉抱臂的方式（输出）	特征
感性·感性型	左手拇指在上 **右脑**（感性）	左臂在上 **右脑**（感性）	乐观、坦率 我行我素 喜欢自己 冒失 散漫 不擅长整理收纳 天才型 艺术家型
理性·感性型	左手拇指在上 **右脑**（感性）	右臂在上 **左脑**（理性）	富有个性 好强不服输 执着讲究 追逐成功型
感性·理性型	右手拇指在上 **左脑**（理性）	左臂在上 **右脑**（感性）	健谈 调皮 好管闲事 豁达 会说话 社交型
理性·理性型	右手拇指在上 **左脑**（理性）	右臂在上 **左脑**（理性）	认真、一丝不苟 冷静 完美主义 特别努力 有计划性，但不善于即兴发挥 聪明可靠型 学者官僚型

> 大脑类型不同的人之间往往存在着明显的差异，为这种差异而感到焦躁不安完全是一种浪费时间的行为。

04

在职场上宣布
"我是某某团队的一员"

> 说到团队,大家是不是觉得只有体育运动中才会有团队呢?其实,在职场中我们也可以和自己的同事组成一个团队。

近来,很多日本体育代表队都会为自己起一个类似于"日本武士"的独一无二的专属队名。这种专属队名在提高团队凝聚力、增强团队一体感方面可以发挥极强的作用。

成功人士周围一定会有众多合作者以及应援者。若想建立这样的人际关系,首先主动向对方传达出自己所体会到的团队一体感吧。

具体来说,我们可以以对方的名字来命名一个团队,并向对方明确表示"我是某某(对方的名字)团队的一员"或者"让我们作为某某(对方的名字)团队来一起努力吧"。当人们感知到彼此同属于一个团队并感受到团队的一体感时,力量就会源源不断地涌现出来。团队的归属感会让我们的心情更加舒畅,工作效率自然也会提高,从而也会产出更好的成果。

组建团队，增强凝聚力与团队一体感

创建以对方为主角的团队

我会好好完成的！我可是吉田队的一员啊！

哈哈，好害羞啊！

自己 　　　吉田

到了关键时刻

⬇

对方会成为自己的协助者与应援者

怎么回事？我来帮你一把！

自己　　　吉田

提高与对方互帮互助的凝聚力，形成团队一体感。

05

将汇报和联络型的
工作安排到上午

> 职场中会出现各种类型的工作任务，比如汇报、联络以及协商。其中，汇报以及联络型的工作最好在上午进行，协商的工作则最好安排到下午进行。

日本企业中非常盛行一种文化制度——"菠菜主义"，即把汇报、联络、协商（这三个词汇的首个读音连起来，即为"菠菜"的日语读音）都视为极为重要的工作内容。针对这三种不同类型的工作内容，我建议大家在上午完成汇报以及联络型的工作，把跟协商相关的工作任务安排到下午进行。

跟汇报、联络相关的工作最好尽早完成。如果上午已经跟对方进行了联系，那么当天下午就可以对接以及协商具体事项。

再者，即使是很难进行汇报的内容，趁着清晨心情愉悦，也能够更轻松地说出口。

对于汇报以及联络，使用电子邮件和聊天工具进行沟通是最为理想的方式，因为双方都可以留下相关的沟通记录。

例如，如果邮件中留有"×月×日×时是最终期限"的内容，那么事后就不会再因为对期限的错误认识而产生争执。

另外，针对需要协商的工作内容，推荐大家最好在时间比较充裕的下午进行。直接见面沟通，这种能够交换视线的交流方式更有助于协商。（如果是线上会议，请打开摄像头！）

面对面的沟通既可以传达出邮件无法传达出的微妙语感，也可以有效避免产生误解。

另外，关于沟通方式，我们既可以选择在会议室中交谈，也可以选择一边喝茶一边传达彼此的需求。

上午和下午适合处理的工作内容各不相同，大家可以根据工作类型灵活安排时间。

> 汇报以及联络最好保留相关记录。推荐大家使用邮件或是聊天工具来进行沟通。

06

检查邮件之前，
先检查日程安排

早上在检查邮件列表之前，请先确认一下自己当天的日程安排吧。

每天早上抵达工位、开始一天的工作时，很多人做的第一件事就是打开电脑查看最新邮件。

但是，我并不推荐大家每天最先检查跟实际业务相关的邮件。往往在回复邮件和调查相关内容时，整个上午的时间一眨眼就过去了。

大多数的早上，大家都处于平心静气的状态。趁着神清气爽，首先打开日程表，确认一下自己当天的日程安排吧。

这里想和大家重点强调的是，需要确认的是一天的日程安排，而不是一天的计划。

例如，"×点开会协商""从×点开始和××一起吃饭"等等都是一天的计划。

而"×点会议正式开始，要在会前30分钟准备好相关的会议资料""为了能在×点到达餐厅,跟××相关的业务需要在前往餐厅的1小时前完成"等才是一天的日程安排。

根据当天的计划,每天早上提前设想好自己具体的行动安排。只要日程安排妥当,接下来我们就可以轻松处理一天中的每一件事情了。

早上进行日程安排,在很大程度上可以决定一整天的工作质量。

> 正式开始工作之前,先做好当天的日程安排,有助于工作质量的大幅提升。

07

3分钟内能完成的事情，当下立马去做

相信很多人都在使用"待办事项列表"来管理自己的工作安排吧。但是，在很多情况下，"现在去做立马就能搞定，但优先级却极低的工作"总是越积越多。

在还没有处理那项工作的时候，即使要去处理的工作再简单不过，但"之后必须去做那件事情"的想法会一直萦绕在脑海中，会演变成重重顾虑，最终转变为压力。长久累积下去，它会导致我们无法在工作中发挥出真实的能力。

在此，我给大家推荐一种有效的解决办法——3分钟内能完成的事情，当下立马就去处理。"搞定了一项任务"的成就感，能为我们在处理下一个任务时提供满满的能量。

> 简单的、能快速处理的工作，不要犹豫，马上去做！让工作压力全都转变成能量吧！

08

办公工具也要追求最好

为了能够全身心地投入工作、产出最高质量的成果,要为自己准备足够优质的办公工具。相信自己,我们完全值得拥有最好的东西。在选择办公工具的时候,不要敷衍了事,要讲究到底,追求极致,在这件事情上我们完全可以奢侈一把。

现在马上就可以做的是,给自己的文具更新换代。其中,我大力推荐大家购买钢笔。

正因为我们身处互联网时代,日常习惯于通过电脑处理一切事物,这才愈加能突显出手写笔记的至高价值。而且,提笔写字的时候也往往正是创意灵感最容易迸发的时刻。

我的工作配得上最好的办公工具,我要创造出能与最好的办公工具相匹配的工作成果——这种正向循环会激励我们不断追求进步。

> 不管是什么事情,若想得到更好的成果,前期的投资非常重要。

PART 9

把工作时的心态调整到
最佳状态·内容集萃

- ☐ 意识到三种"工作"间的平衡。······126
- ☐ 大声说出:"我绝对可以。"······128
- ☐ 接受与他人的意见分歧。······130
- ☐ 创建独特的团队专属名称,提升凝聚力。······132
- ☐ 汇报以及联络要通过邮件或聊天工具进行。······134
- ☐ 早上不要最先检查邮件。······136
- ☐ 简单的工作立刻去处理。······138
- ☐ 在办公工具上追求极致。······139

PART 10

每天进步0.1%

重视高效学习法的培养和使用

contract 契约
growth 成长
aspiration 抱负

> 如果有一种学习,既能提高我们的技能水平,又能提高我们的自我修养,那么这种学习一定能源源不断地给我们的心灵提供最丰富的营养。让我们一起培养一种既能够坚持下去又能够见证极佳效果的学习方法吧。

01

学习时，以20分钟为一个时间单位

> 即使是异常繁忙、步履匆匆的社会人，也可以掌握这种学习诀窍——学习时以20分钟为一个时间单位。如此一来，无论是谁都可以坚持下去。

抱有想要学习的想法的人不在少数，但阻碍大多数人去学习的真正最大的问题是时间。如果要求工作繁忙、家务缠身的我们每天必须达到学习两个小时的目标，那么想必不管有怎样的激励条件，大家脑海中也只会存在一个想法吧——实在做不到啊。但如果只是要求学习20分钟，大家应该都能轻松执行。

说到底，人类大脑精力集中的时间最长不过15分钟。比起拖拖拉拉地学习几个小时，集中精力学习15分钟的效率可能会更高。

每个20分钟的学习单位中的最后5分钟是间隔时间。你可以利用这5分钟去回顾一下前15分钟所学习的内容，比如合上笔记本回忆一下知识点，或者试着解答一下课后练习题。这时你可能会意识到，刚刚学过的知识竟然并没有像自己想象的那

"15分钟+5分钟"累积式学习

般牢牢地印在脑海中。

"刚才那个知识点是什么来着？"如果能在这5分钟内发现自己没有记牢，其实是一件很幸运的事情。只要再次打开笔记本查看确认，你就会惊叹道："啊，就是这个！"并且体验到强烈的求知欲带来的惊喜感。

在这一瞬间，你的大脑会牢牢记住这些知识，并且很难再遗忘。千万不要小看最后5分钟的作用，这种回顾检查的学习方式真的极具巩固记忆的效果。请大家一定要去试试看。

> 只需20分钟，无论是谁，都可以轻松愉快地开始学习。

02

使用分段式模块化学习法提高学习效率

> 正如建造大型建筑时需要将各个模块组合在一起一样,在学习中进行模块的累积非常重要。

在建造房屋和大厦时,人们会将一个一个的"模块"单元组合成一整栋大型建筑。参照这种形式,我结合了模块化学习与间隔时间,将"15分钟学习+5分钟回顾检查"的学习形式定义为"分段式模块化学习法"。

如果学习内容是学校的课程,那么一门学科的学习就是一个模块。在学完一个模块后,如果状态依旧很好,可以继续去学习另一个模块,比如另一门学科或另一个学习课题。

如果你是一个已经步入社会的人,那么最好为自己制订一个学习计划,比如将英语会话定为一个模块,将资格认证备考定为另一个模块。当你一个模块一个模块地坚持学习下去时,会惊喜地发现,自己竟然聚精会神地学习了这么长的时间。

提升学习成效的"分段式模块化学习法"

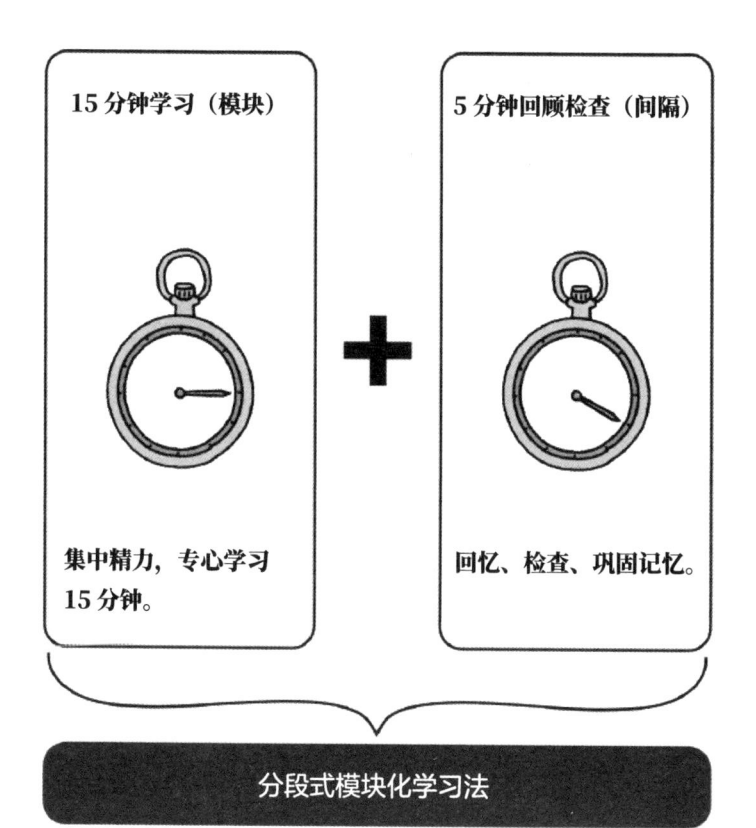

15 分钟学习（模块）

集中精力，专心学习 15 分钟。

+

5 分钟回顾检查（间隔）

回忆、检查、巩固记忆。

分段式模块化学习法

模块化的学习方式，让长时间的坚持成为现实！

03

利用人的身体结构
来强化背诵效果

也许你会觉得自己很不擅长背诵，原因其实很简单，因为你没有很好地利用自己的身体结构。只需一个简单的小技巧，背诵效果就能获得直线提升。

千万不要妄自菲薄，不擅长背诵绝对不是因为头脑不聪明。

背诵效果不理想，与其说是因为我们没有好好调动大脑机能，倒不如说是因为我们过于依赖大脑。在我们背诵知识的同时，适当地利用肌肉，记忆效果反而会更好。其实道理很简单，大家都能轻松理解——背诵时，比起躺在床上一动不动，并不调动任何肌群，坐在椅子上让背肌和腹肌都调动起来，背诵效果肯定会更好。

此外，若是站立着，边出声嘟囔边记忆，加快身体内的血液流动速度，大脑的活动会更加活跃，背诵也会变得更加容易。如果背诵的同时能再做一些简单的动作，比如在房间里来回踱步、轻微深蹲、蹦蹦跳跳，记忆效果则会更上一层楼。

效果超群的背诵技巧

用笔认真书写汉字
每个汉字的一撇一捺、一收一放都要认真书写，这样更容易巩固记忆。

闭上眼睛，加深记忆
理解了知识点后就闭上眼睛，这样更易于加深记忆。睁开眼睛后可以再复习一遍。

使劲儿按压指甲
从大拇指到食指，再到中指依次按压。产生微痛感，以此对大脑形成刺激。

3分钟体前屈和下腰运动
提高毛细血管的血液流通有助于长时间集中注意力。

用不是惯用手的另一只手
通过描摹汉字或用手指轻敲桌面来刺激右脑。

戴着耳塞小声说话
实际听到的声音和自己平时的说话声音不一样，有助于提高注意力。

立刻去复习
讨论会结束后或下课后，利用休息间隙的3分钟去复习课堂要点。

连续朗读6遍
慢读3遍后再快读3遍，可以更好地巩固记忆。

> 充分利用肌肉、血液循环和感官来提升自己的背诵效果。

PART 10 每天进步0.1%：重视高效学习法的培养和使用

04

学习前做做伸展运动

学习前做做拉伸运动真的十分有必要。

有研究结果表明,如果在学习前做做体前屈和下腰等运动,即便是原来注意力不太集中的孩子也能够开始安静地学习,学习效果也会得到大大的提升。

为什么体前屈和下腰运动有助于提高注意力呢?这是因为做完运动后,血流循环会变得更畅通,血液能够源源不断地输送到大脑。

和体育运动前先做做拉伸运动一个道理,在学习之前我们也要做做伸展运动,通畅的血液循环能够大幅提升学习效率。

除了体前屈、下腰运动外，活动头部和肩关节也是不错的选择。

活动头部，具体是指从左到右、从右到左慢慢转动头部各3次，这样能够促进大脑的血液循环。

活动肩关节，具体是指有意识地将肩胛骨向前和向后各拉伸3次，尽可能大幅度地活动肩关节可以有效缓解背部的酸痛。

> 学习前，做做伸展运动，促进血液循环，这有助于大幅提升我们的学习效率。

05

积极锻炼非惯用手

人类的大脑可以分为左脑和右脑，两者分别支配另一侧人体的运动与平衡，只有左脑和右脑协同运作才能维持一个人正常的思维活动和身体平衡运动功能。在学习和记东西时，可以好好利用这一特性。

人类的大脑分为左脑和右脑。左脑主要负责语言、分析、计算、逻辑思维的运用等，右脑主要负责绘画、音乐、想象以及综合判断。积极锻炼左脑，我们可以提升语文等文科学科的成绩；积极锻炼右脑，我们可以让自己变得更擅长数学等理科学科和艺术学科。

那么，我们该如何锻炼左脑和右脑呢？

左脑和右脑分别支配其相反一侧的身体。具体来说，左脑主要支配右侧肢体，右脑主要支配左侧肢体。

也就是说，当我们使用右手时，可以让左脑得到锻炼；使用左手时，可以让右脑得到锻炼。

话虽如此，但我们完全没有必要为了锻炼大脑而强行更换惯用手，我们只需要积极锻炼另一只手就足够了。

例如，在用右手写字的过程中，我们可以用左手手指指向自己正在阅读的题目或者是轻敲桌面。这样一来，左手的使用也会给予右脑刺激，整个学习效率都会有所提高。

再者，背英语单词的时候，我们可以一边用右手拼写，一边用左手在书上描画字母，这样同时刺激两侧大脑有助于巩固记忆。

> 积极使用另一只手，也就是非惯用手，不断提高学习效率吧。

06

记录学习成果，
收获成就感

> 我们可以用 Excel 来制作一张表格，从而更好地确认和管理自己的学习成果。

大家在学习的时候，一定要制作一张能够管理和确认自己学习成果的表格。利用表格可以帮我们一目了然地查看学习成果，有助于我们保持学习的热情。

另外，表格中还能直观地展示出那些没能完成的项目。查看表格后，我们可以及时调整自己的学习计划，比如找个周末补齐进度。

当然啦，学习记录表格还可以帮助我们获得十足的自信和充实感。我们可以明确自己要做的事情以及整体的进度，再也不用产生无谓的不安感，比如感觉"可能自己再多学习一些会比较好"等。

制作这种表格时，我建议大家使用 Excel 等办公软件。

在第一列写入日期，在第一行写入具体的学习项目。当完成一项学习任务后，就将对应的单元格填充上颜色。

用 Excel 制作时间管理表

用 Excel 制表

	记住3个英语单词	阅读1页《电脑入门指南》	
2021年12月1日			
2021年12月2日			
2021年12月3日			
2021年12月4日			
2021年12月5日			
2021年12月6日			
2021年12月7日			
2021年12月8日			
2021年			

制表的重点是将学习项目设定为可以在短时间内完成的任务

用颜色填充已完成项目所在的单元格

在制订学习任务的时候，千万别忘了以15分钟为一个学习单位，这也是学习的诀窍所在。配合着"分段式模块化学习法"，将学习任务进行细分。例如，与英语相关的学习任务，可以划分为"听力训练15分钟""语法练习15分钟""英语写作15分钟"等。

此外，我们最好也列入一些3分钟就可以完成的学习项目，这样即使是疲惫不堪的工作日，我们也可以抽出一些时间去完成相应的任务。

> 学习项目要细分成15分钟之内就能完成的小项目。

07

快速一瞥，3分钟记住45个英语单词

比起仔细地盯着看，"快速一瞥"实际上可以更快地往大脑中输入信息。

接下来，我们一起来试验一下如何在3分钟内记住45个英语单词吧。

首先请大家准备6张纸。

在第一张纸上，从上到下依次写出15个英语单词。在第二张纸上，按照相同的顺序写下这15个英语单词对应的翻译。写完后，把这两张纸上下叠放在一起。之后，按这个流程制作三组单词表。

接下来，在将第一张纸上的第一个英语单词读出来后（1秒），翻开第1张纸，快速看一眼第2张纸上对应的翻译（1秒）。

不断重复这个过程，最后检查一遍英语单词的记忆效果。当发现还有没记住的英语单词时，再快速瞥一眼。仅仅是通过这种简单的方法，你就可以在短时间内记住大量的单词。输入的内容量之多、背诵的效果之佳，一定会让你大吃一惊。

笔者大力推荐的英语单词背诵法

① 在两张纸上分别写上英语单词和其对应的翻译，并把两张纸重叠起来。

contract　契约
growth　　成长
aspiration　抱负

↓

② 不断地翻开、合上第一张纸，从上到下依次记忆纸上所写的英语单词。

契约
成长
抱负

↓

③ 最终你会发现，你竟然在短时间内记住了大量的英语单词！

> 刻意地"快速一瞥"，其实能很容易地在大脑中留下深刻的印象。

08

早上 + 计时器，提高学习效率的两大秘诀

在前面的章节中，我向大家大力推荐了15分钟学习+5分钟回顾检查、以20分钟为一个学习单位的"分段式模块化学习法"。如果大家下定决心想要试一试，早上就是最好的尝试时间。曾有研究表明，早上的学习效率是晚上的6倍。

此外，在学习的时候，有效使用计时器也是一大学习秘诀。如果能够清晰划分时间的起点和终点，我们就会因为"deadline效果（限时效果）"而大大提高注意力，并且可以帮助我们保持张弛有度的学习节奏。

如果在家学习时总是不由自主地想去床上躺一躺、想打开电视看一看，那么不如下定决心去外面的咖啡馆学习吧。适当的噪声（白噪声）反而能让你的注意力更加集中。

> 早上的学习效率是夜间的6倍！让我们好好利用早上的宝贵时间吧！

把厚厚的课本拆成一个个薄薄的小本

资格考试用书等教材和参考书籍，因为其包含的内容繁多，所以一般每本书都很厚。看着厚厚的一本书，怎么也找不到学习的状态，一直无法沉下心来复习，或是备考中途受挫，不想再继续学习下去了……想必大家多多少少都会有这样的经历吧。

针对这种情况，我想给大家提供一个小建议——我们可以把厚厚的课本一页一页地拆开。

把课本按照章节拆开，再用大型订书机装订好每一个章节的"小课本"，并在上面贴上装订胶带——在文具店等地方，可以买到便宜的装订胶带。

抚摸着亲手装订的课本，一种依恋感会从心底油然而生。这样一来，学习的动力也会大大提升。

> 把厚厚的课本拆成薄薄的多个小本，避免学习过程中受挫或是没有学习状态。

PART 10

重视高效学习法的培养和使用·内容集萃

- ☐ 学习 15 分钟，回顾 5 分钟。·················· 142
- ☐ 制订模块化的学习计划。····················· 144
- ☐ 背诵时最好站立着小声嘟囔。·················· 146
- ☐ 学习前做做伸展运动。······················ 148
- ☐ 锻炼非惯用手。·························· 150
- ☐ 管理和确认自己的学习成果。·················· 152
- ☐ 读出英语单词后，刻意地快速瞥一眼。············· 154
- ☐ 使用计时器，让学习节奏张弛有度。··············· 156
- ☐ 将厚厚的课本拆散。······················· 157

PART 11

每天进步0.1%

通过记笔记来让灵感落地

我们的脑海中经常会在不经意间闪现出一些奇思妙想，及时地把这些想法记到笔记本上能够让这些想法逐渐成熟起来，如人生的指南针一般引导我们走向成功。让我们把零散的信息有机地联系起来吧，让灵感落地，让想法成熟起来。

01

将零散的笔记有机地联系起来

熟练地将记录的内容系统化——在这个助力圆梦的过程中，记事本发挥了强大的力量。

如果你拥有梦想，并且迫切地想要实现，那么我建议你一定要养成记笔记的好习惯。

众所周知，列奥纳多·达·芬奇在一生中留下了众多记录自己创意的笔记，托马斯·阿尔瓦·爱迪生也是一位笔记狂人。

他们将自己的想法记录下来，并将其逐一付诸实践，实现了自己一个又一个梦想。笔记中蕴藏着巨大的能量，能够帮助我们快速抵达梦想的彼岸，宛若拥有科幻小说中所描述的超能力一般。

除此之外，记笔记的习惯还有其他诸多好处，比如"留下自己走过此生的记录""建立自己的知识仓库"等。

对零散的笔记内容进行取舍选择

零零散散的笔记们

想法笔记 → 留下

提醒事项笔记 → 舍弃

不过，如果使用方法不正确，做笔记产生的效果可能会大打折扣。在我年轻时刚开始记笔记的时候，我完全没将做笔记这件事系统化，只是做一些零散的记录。

那个时候的我完全不知道，笔记虽然可以零零散散地记录，但如果没有一个能将其有机地联系起来的体系，那么笔记的强大力量就无法发挥出来。

在接下来的章节中，我会为大家介绍可以将零散信息有机联系起来的笔记习惯。

> 现在马上准备一个记事本，让我们每个人都变身笔记狂人吧！

02

分开记录三种笔记

笔记的内容一般可以分为三种类型，分别是"提醒事项笔记""想法笔记"以及"愿景笔记"。首先，让我们来了解一下这三种笔记之间的关系吧。

所有的笔记都大致可以分为以下三种类型。

一、提醒事项笔记：记录自己之后要去做的事情和计划，以防遗忘，比如购物清单等。

二、想法笔记：记录自己想到的事情和灵感。

三、愿景笔记：记录自己的人生梦想。

在日常生活中，很多人总是忙于并执着于处理提醒事项笔记。但其实在所有笔记中，最重要的是愿景笔记，排在其后的是想法笔记，排在最后的才是提醒事项笔记。

在想法笔记中，每一页只写一个主题。笔迹不优美、留白过多等，这些全都无须在意。此外，我们还可以随时对相关事项和想法进行修改和加注。

三种笔记间的关系

```
           实现梦想
              ▲
         提醒事项
          笔记
   提醒事项    提醒事项    提醒事项
    笔记       笔记       笔记
 提醒事项            提醒事项   提醒事项
  笔记     提醒事项    笔记     笔记
           笔记
   ●            ●            ●
 想法笔记      想法笔记      想法笔记
      ↖         ↑         ↗
              ●
            愿景笔记
```

　　记录下自己的想法之后，把想法笔记放在固定的地方。每隔一段时间，仔细挑选出有用的笔记，把相关内容粘贴到另一个笔记本上。不需要重新誊写，只需要粘贴就可以了。

　　另外，在处理完提醒事项笔记上的事情后，别忘了立即将提醒事项笔记丢进垃圾桶。

　　清晰有逻辑地将笔记集中在同一处，笔记之间也会发生奇妙的化学反应。好的想法会在思想碰撞中不断诞生，最终作为具体的策划案得以落地。

> 日常生活中，人们往往忙于处理提醒事项笔记。但千万要记住，愿景笔记才是最重要的笔记。

03

如何记录提醒事项笔记和想法笔记

> 做笔记的时候，别忘记写上日期和地点，这也是提高笔记有效性的诀窍之一。

在做笔记的时候，需要意识到自己"现在写的是哪种类型的笔记"。不同类型的笔记在写法上有着很大的区别，比如，提醒事项笔记是陈述句，以句号"。"来结尾；而想法笔记则应该是疑问句，以问号"？"来结尾。强化这种区别还有另外一个好处，那就是在处理完这些内容后，可以马上区分出哪些笔记需要舍弃掉、哪些笔记是可以保留的。

除此之外，两种笔记也存在相同的书写规范，大家千万不要忘记写上日期。除了日期之外，想法笔记最好标明具体的时间和地点。这样当我们再次翻看时，就可以发现自己容易产生灵感的黄金时间和幸运场所。

提醒事项笔记和想法笔记

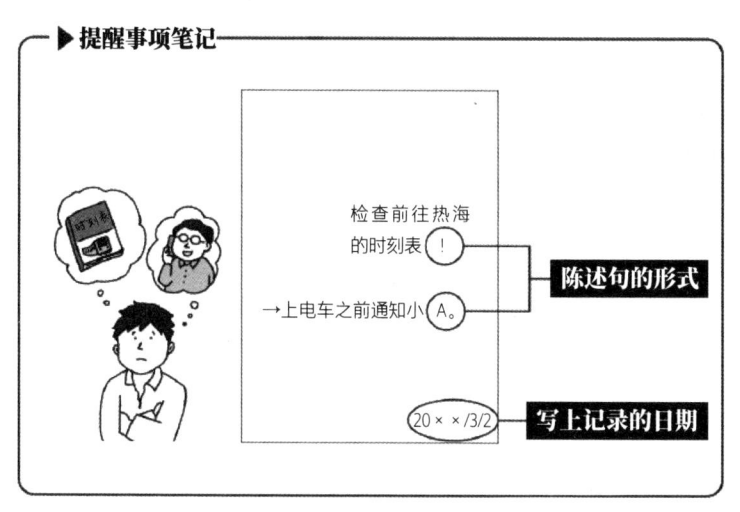

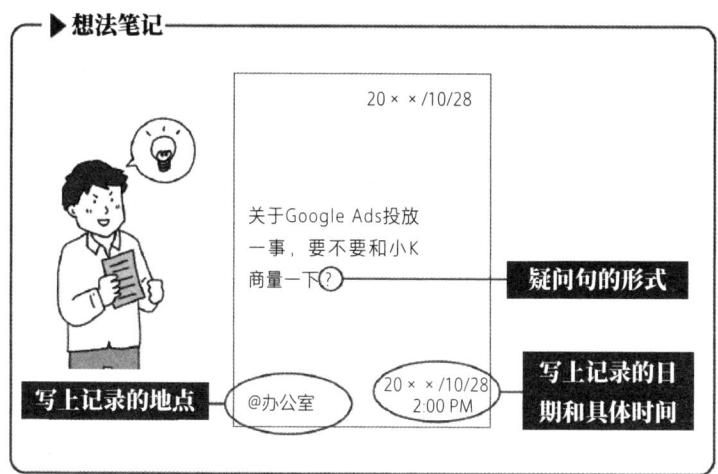

▶ 提醒事项笔记

检查前往热海的时刻表 !　——　陈述句的形式

→上电车之前通知小 A。

20××/3/2　——　写上记录的日期

▶ 想法笔记

20××/10/28

关于Google Ads投放一事，要不要和小K商量一下?　——　疑问句的形式

写上记录的地点　　@办公室　　20××/10/28 2:00 PM　——　写上记录的日期和具体时间

了解自己产生灵感的黄金时间和幸运场所。

04

定期审视自己的想法和笔记

首先,请大家决定好定期审视并确认笔记内容的时间和地点。

善于灵活使用想法笔记的第一步,就是要养成定期审视笔记内容的习惯。

即使是乍一看觉得十分零乱的笔记片段,如果把相关的东西都收集起来并整合到一起,这些笔记也会变成很棒的项目企划。每一个笔记片段都是创作优秀作品与实现卓越工作成果的素材和构成要素。

若想养成定期审视检查笔记的习惯,我们首先要确定好审视笔记的时间和地点。如果只是想着"过几天再看吧",那么这件事情就会一而再,再而三地无限拖延下去。

关于定期审视笔记的频率,我推荐每周1次。如果时间间隔长达3个月以上,不仅笔记本身可能会丢失,甚至我们自己都会忘记笔记的存在。

把笔记从固定的临时存放地拿出来，一边把要保留的内容粘贴到另一个笔记本上，一边对笔记的内容进行重新审视。

我自己的情况是，每周六上午在打扫完书房后，我会坐到另一张专门用来整理文件的办公桌前，然后开始检查这一周以来所记的笔记。

此外，我们也可以将茶歇时间定为固定的检查笔记的时间，或者我们可以选择在自己喜欢的咖啡厅内进行这项工作。

> 定期审视自己的笔记内容，将每篇笔记的内容有机地联系起来吧。

05

在云端集中管理笔记

身处现代化社会，能够充分并灵活地利用数字化设备和当今科学技术的优势记笔记，才是最正确的使用方式。而且，使用多种方式分开记录也是十分有必要的，比如在使用录音设备进行记录的同时，也要手写记录。

若想做到这一步，我们还需要持有自己专用的笔记本电脑或平板电脑。

最初记在笔记本上的笔记，最终也要存储到云端进行集中管理。平日里，我们很难集中管理多个实体笔记本。但将所有笔记内容都存储到云端后，即使在旅途中我们也能随时查看。上传到云端的时候，按照大致的主题，简单明了地将笔记进行分类吧。

> 集中管理笔记的诀窍在于，按照主题对笔记进行分类管理。

06

灵活使用数字备忘录

近几年,一旦头脑中出现什么有意思的想法,越来越多的人会将其记录在手机备忘录上。手机备忘录不仅可以像记事本一样记录文本,还可以用音频、图像和视频来记录,使用起来非常方便。

·音频:不仅可以录制自己的想法,还可以录制一些讲演会、研讨会的内容。近些年,随着科技的发展,我们可以使用语音识别软件直接将语音转化为文本。

·图像:通过电子邮件等方式,我们可以把照片等图像快速发送给他人。

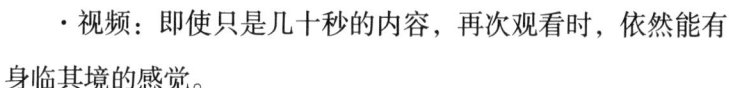

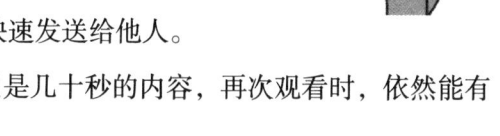

·视频:即使只是几十秒的内容,再次观看时,依然能有身临其境的感觉。

> 熟练使用音频、图像、视频等记录形式,让笔记之间产生强烈的化学反应吧。

07

愿景笔记的记录方式

> 愿景笔记是帮助我们克服困境的救命稻草。以一年为期,定期更新自己的愿景笔记吧。

很久以前,水手们在漆黑的海上航行时,依靠天空中闪耀的北极星来辨别前进的方向。愿景笔记中记录着我们人生的最终目的地,所以它就如同北极星一般,指引着我们该驶向何方。

若想乘风破浪、驾驭人生,我们需要依靠北极星的指引。如果只是东转转、西晃晃,那我们永远无法抵达最终的目的地。

身处人生的困境之时,愿景笔记不可或缺。

当我们遭遇困难、处处碰壁时,愿景笔记就是帮助我们渡过难关的救命稻草。此外,愿景笔记还是支撑提醒事项笔记和想法笔记的坚实根基。

愿景笔记最好写在手账的第一页上。此外,我们还可以贴上能够激励自己的照片。

每年到了生日、除夕等重大节日时,要对自己所写下的愿景进行重新考虑和更新。在手写的过程中重新审视自己的愿景,可以让自己的愿景变得更加坚定。

愿景笔记,写完并不是终点。它是我们人生中的一个里程碑,会随着我们跨出的每一步而不断地改变和提升。

> 在手账的第一页写下我们的愿景,然后在一年中定期审视和更新吧。

PART 11

通过记笔记来让灵感落地・内容集萃

- ☐ 马上准备一本记事本。・・・・・・・・・・ 160
- ☐ 了解三种笔记之间的关系。・・・・・・・・ 162
- ☐ 笔记上一定要写上日期和地点。・・・・・・ 164
- ☐ 确定定期审视笔记内容的时间和地点。・・・ 166
- ☐ 在云端集中管理笔记。・・・・・・・・・・ 168
- ☐ 熟练掌握音频、图像和视频的记录方式。・・ 169
- ☐ 在手账的第一页上写下自己的愿景。・・・・ 170

结语

每天进步0.1%，让进步成为不可思议的日常

我曾经采访过一些烹饪大师，发现他们都有一个共同的习惯，那便是"使用完工具后，立即收拾"。

乍一听你可能会觉得：这不是理所当然的事情吗？但我的采访对象们却异口同声地说："一般人可是很难做到这一点的哦。"

我的父亲既是一位医学博士，也是一位脑外科医生。他在生前曾说过，要想做好一场手术，必须整顿好手术室的环境，并且要把准备手术工具的工作做到完美。

无数个习惯构成了我们现在的生活。我们的人生正是由每一天的每一个微习惯（小习惯）构成的集合体。

无论数字化进程如何迅猛发展，无论社会形势如何瞬息万变，我们的人生都是由每天的微习惯不断积累最终构建而成的。

微习惯，是一些远远小于你想象的习惯。举一个很简单的例子，我们所说的微习惯并非"每天散步1小时"这样的习惯，而是"散步只穿散步专用鞋"这种说出来可能会引人

发笑的小习惯。

希望诸位读者能够以与拙著的邂逅为契机，尝试整理一下自己从早上醒来那刻开始到晚上入睡前为止的所有习惯，并将它们全部写出来，然后把这些习惯分解成更小的微习惯，"如果能把这个习惯改善成那样，会觉得很兴奋呢"，不断更新升级自己每天的每一个习惯吧。

其实，利用微习惯获得成功的秘诀很简单——与其基于"正确"去生活，不如基于"快乐"去生活。

让成功触手可及，让生命更加闪耀，这正是微习惯的力量所在。

习惯专家

佐藤传